# 과학공화국
### 생물법정

**6**
자극과 반응

## 과학공화국 생물법정 6
자극과 반응

ⓒ 정완상, 2007

초판  1쇄 발행일 | 2007년 7월 20일
초판 17쇄 발행일 | 2023년 5월 1일

지은이 | 정완상
펴낸이 | 정은영
펴낸곳 | (주)자음과모음

출판등록 | 2001년 11월 28일 제2001-000259호
주소 | 10881 경기도 파주시 회동길 325-20
전화 | 편집부 (02)324 - 2347, 총무부 (02)325 - 6047
팩스 | 편집부 (02)324 - 2348, 총무부 (02)2648 - 1311
e-mail | jamoteen@jamobook.com

ISBN 978-89-544-1470-8 (04410)

# 과학공화국

## 생물법정

**6**
**자극과 반응**

정완상(국립 경상대학교 교수) 지음

|주|자음과모음

# 생활 속에서 배우는 기상천외한 과학 수업

처음 법정 원고를 들고 출판사를 찾았던 때가 새삼스럽게 생각납니다. 당초 이렇게까지 장편의 시리즈로 될 거라고는 상상도 못하고 단 한 권만이라도 생활 속의 과학 이야기를 재미있게 담은 책을 낼 수 있었으면 하는 마음이었습니다. 그런 소박한 마음에서 출발한 '과학공화국 법정 시리즈'는 과목별 총 10편까지 50권이라는 방대한 분량으로 출간하게 되었습니다.

과학공화국! 물론 제가 만든 단어이긴 하지만 과학을 전공하고 과학을 사랑하는 한 사람으로서 너무나 멋진 이름입니다. 그리고 저는 이 공화국에서 벌어지는 황당한 많은 사건들을 과학의 여러 분야와 연결시키려는 노력을 하였습니다.

매번 에피소드를 만들어 내려다 보니 머리에 쥐가 날 때도 한두 번이 아니었고 워낙 출판 일정이 빡빡하게 진행되는 관계로 이 시리즈를 집필하면서 솔직히 너무 힘들어, 적당한 권수에서 원고를 마칠까 하는 마음도 굴뚝같았습니다. 하지만 출판사에서는 이왕 시작한 시리즈이므로 각 과목마다 10편까지 총 50권으로 완성을 하자고 했고 저는 그 제안을 수락하게 되었습니다.

하지만 보람은 있었습니다. 교과서 과학의 내용을 생활 속 에피소드에 녹여 저 나름대로 재판을 하는 과정은 마치 제가 과학의 신이 된 듯 뿌듯하기도 했고, 상상의 나라인 과학공화국에서 많은 즐거운 상상들을 펼칠 수 있어서 좋았습니다.

과학공화국 시리즈 덕분에 저는 많은 초등학생 그리고 학부모님들과 만나서 이야기를 나누었습니다. 그리고 그들이 저의 책을 재밌게 읽어 주고 과학을 점점 좋아하게 되는 모습을 지켜보며 좀 더 좋은 원고를 쓰고자 더욱 노력했습니다.

이 책을 내도록 용기와 격려를 아끼지 않은 (주)자음과모음의 강병철 사장님과 빡빡한 일정에도 불구하고 좋은 시리즈를 만들기 위해 함께 노력해 준 자음과모음의 모든 식구들, 그리고 진주에서 작업을 도와준 과학 창작 동아리 'SCICOM'의 식구들에게 감사를 드립니다.

진주에서

정완상

# 목차

판사

비오 변호사

# 생물법정의 탄생

태양계의 세 번째 행성인 지구에 과학공화국이라고 불리는 나라가 있었다. 이 나라는 과학을 좋아하는 사람이 모여 살고, 인근에는 음악을 사랑하는 사람들이 살고 있는 뮤지오 왕국과 미술을 사랑하는 사람들이 사는 아티오 왕국, 공업을 장려하는 공업공화국 등 여러 나라가 있었다.

과학공화국 사람들은 다른 나라 사람들에 비해 과학을 좋아했지만 과학의 범위가 넓어 어떤 사람은 물리를 좋아하는 반면 또 어떤 사람은 반대로 생물을 좋아하기도 했다.

특히 다른 모든 과학 중에서 주위의 동물과 식물을 관찰할 수 있는 생물의 경우 과학공화국의 명성에 맞지 않게 국민들의 수준이 그리 높은 편은 아니었다. 그리하여 농업공화국의 아이들과 과학공화국의 아이들이 생물 시험을 치르면 오히려 농업공화국 아이들의 점수가 더 높을 정도였다.

특히 최근 인터넷이 공화국 전체에 퍼지면서 게임에 중독된 과학 공화국 아이들의 생물 실력은 기준 이하로 떨어졌다. 그것은 직접 동식물을 기르지 않고 인터넷을 통해 동식물의 모습을 보기 때문이었다. 그러다 보니 생물 과외나 학원이 성행하게 되었고 그런 와중에 아이들에게 엉터리 내용을 가르치는 무자격 교사들도 우후죽순 나타나기 시작했다.

생물은 일상생활의 여러 문제에서 만나게 되는데 과학공화국 국민들의 생물에 대한 이해가 떨어지면서 곳곳에서 분쟁이 끊이지 않았다. 그리하여 과학공화국의 박과학 대통령은 장관들과 이 문제를 논의하기 위해 회의를 열었다.

"최근의 생물 분쟁을 어떻게 처리하면 좋겠소?"

대통령이 힘없이 말을 꺼냈다.

"헌법에 생물 부분을 좀 추가하면 어떨까요?"

법무부 장관이 자신 있게 말했다.

"좀 약하지 않을까?"

대통령이 못마땅한 듯이 대답했다.

"그럼 생물학으로 판결을 내리는 새로운 법정을 만들면 어떨까요?"

생물부 장관이 말했다.

"바로 그거야! 과학공화국답게 그런 법정이 있어야지. 그래, 생물 법정을 만들면 되는 거야. 그리고 그 법정에서의 판례들을 신문에 게재하면 사람들이 더 이상 다투지 않고 자신의 잘못을 인정하게 될 거야."

대통령은 입을 환하게 벌리고 흡족해했다.

"그럼 국회에서 새로운 생물법을 만들어야 하지 않습니까?"

법무부 장관이 약간 불만족스러운 듯한 표정으로 말했다.

"생물은 우리가 직접 관찰할 수 있습니다. 누가 관찰하건 간에 같은 구조를 보게 되는 것이 생물이죠. 그러므로 생물법정에서는 새로운 법을 만들 필요가 없습니다. 혹시 새로운 생물 이론이 나온다면 모를까……."

생물부 장관이 법무부 장관의 말을 반박했다.

"그래, 나도 생물을 좋아하지만 생물의 구조는 참 신비해."

대통령은 벌써 생물법정을 두기로 결정한 듯했다. 이렇게 해서 과학공화국에는 생물학적으로 판결하는 생물법정이 만들어지게 되었다.

초대 생물법정의 판사는 생물에 대한 책을 많이 쓴 생물짱 박사가 맡게 되었다. 그리고 두 명의 변호사를 선발했는데 한 사람은 생물학과를 졸업했지만 생물에 대해 그리 깊게 알지 못하는 생치라는 이름을 가진 40대였고, 다른 한 사람은 어릴 때부터 생물박사 소리를 듣던 생물학 천재인 비오였다.

이렇게 해서 과학공화국의 사람들 사이에서 벌어지는 생물과 관련된 많은 사건들이 생물법정의 판결을 통해 깨끗하게 마무리될 수 있었다.

# 감각 기관에 관한 사건

# 김실수와 빨간색

색맹인 사람은 왜 여러 가지 색을 구별하지 못할까요?

"엄마, 양말 어디 있어요?"

"거기 선반 위에 있잖아. 그러게 일찍 일어나라
니까."

"이건가? 악, 몰라. 엄마, 저 가요."

"실수야, 너 양말 빨간……."

김실수의 양말을 본 엄마는 말해 주려고 했으나 김실수는 엄마의
말을 끝까지 듣지도 않고 재빠르게 뛰어 나갔다. 영업부의 만년 대
리인 김실수는 오늘 중요한 회의가 있는데도 늦잠을 자는 바람에 지
각할 위기에 처한 것이다.

"헉헉! 겨우 도착했네. 안녕하세요? 좋은 아침입니다."

김실수는 웃으면서 사원들에게 인사했지만 김실수의 양말을 본 사원들은 키득키득 웃기 시작했다. 왜 웃는지 이해를 못하고 있던 중에 부장이 다가와서 말했다.

"김 대리, 아무리 급해도 그렇지 빨간 양말을 신고 오면 어쩌나?"

"네? 그럴 리가……."

김실수는 곰곰이 생각해 보다 아침에 엄마가 하려던 말을 되짚어 보았다. 분명 엄마가 빨간 양말이라고 이야기하려 했던 것 같아 아차 싶었다.

"허허! 가끔씩 일탈을 즐기고 싶었고 사원들을 즐겁게 해 주고 싶었거든요. 어때요, 제 빨간 양말 멋집니까?"

김실수는 애써 웃으며 코믹스런 포즈까지 취했고 사원들이 웃는 바람에 빨간 양말의 실수를 무사히 넘겼다. 사실 김실수는 빨간색과 녹색, 회색이 섞여 있으면 잘 구별할 수 없었다. 그러나 가끔씩 실수하는 것 외에는 일상생활에 크게 지장이 없어서 별 신경을 쓰지 않았다.

"오늘 회의할 내용은 신년을 맞이해서 중요한 거래처에 출장을 다녀오는 일입니다. 거래처에 전달할 선물 값은 회사에서 예산이 내려왔고, 어떤 선물을 할 건지, 또 어디에 누가 갈 건지 정합시다. 신년이니까 특별히 신경 써야 합니다."

영업부는 매우 심각한 회의를 하고 있었다. 겉으로 보기에는 별것 아닌 것 같지만 한 거래처에게 한 번 잘못 보였다가는 소문이 나서 다른 거래처와의 거래에도 영향을 미치기 때문에 그 일을 담당하는 영업부로서는 매우 부담스러운 일이었다.

"그나저나 제일 문제인 건 까탈상사인데……."

갑자기 부장의 얼굴에 검은 그림자가 드리워졌다. 이름에서 풍기는 것처럼 까탈상사는 매우 까다로운 거래처였다. 왜냐하면 거래뿐 아니라 출장 간 사원의 옷차림이나 선물, 행동 등을 꼬투리 잡아 매우 괴롭게 만드는 곳이었기 때문이다.

"작년과 같이 등심 세트 선물하죠."

"작년이랑 같아서는 안 돼요. 전에 같은 것 선물했다가 큰코다친 거 몰라? 거긴 기억력도 좋지. 어떻게 몇 년 전에 선물한 것까지 기억하냐?"

"그러게요. 전꼼순 씨, 선물 리스트 작성해 왔나요?"

"네, 여기 있습니다."

전꼼순은 모든 사원들에게 선물 리스트를 돌렸다. 사원들은 리스트를 꼼꼼히 살펴보고는 한숨을 쉬었다.

"이거 웬만한 건 다 선물했네. 여기서 더 새로운 걸 어떻게 찾으라는 거지?"

김실수도 다른 사람들과 같이 한숨을 쉬며 머리를 쥐어뜯다가 갑자기 생각난 게 있었다.

"부장님, 까탈상사 사장님이 고양이를 키우지 않나요?"

"음, 그렇지. 이름이 페트리시아였나? 매우 성격 나쁜 고양이지. 거래처 갈 때마다 긴 발톱으로 바지에 구멍 내고, 물고. 윽! 상식적으로 사무실에서 애완동물을 키우면 안 되지 않나? 그 사장은 왜 그런지 몰라. '오우, 우리 페뜨리시앙!' 이렇게 이야기하면 소름이 쫙 돋아."

부장은 사장의 성대모사를 하며 투덜대고 있었다. 김실수는 '이거다!' 싶어 얼른 이야기했다.

"부장님, 그럼 이번 선물은 고양이용품이 어떨까요? 사장이 그렇게 예뻐하는 고양이인데 고양이용품을 선물하면 좋아하지 않을까요?"

"오! 그거 좋은 아이디어군. 김 대리, 오랜만에 좋은 아이디어 냈는데? 그럼 이번 까탈상사는 김 대리가 맡도록 해요. 참, 까탈상사 사장은 빨간색 싫어한다는 거 알지?"

그리하여 까탈상사 출장은 얼떨결에 김실수가 맡게 되었다. 김실수는 퇴근 후 백화점으로 향했다.

"사랑과 정성으로 모시겠습니다. 고객님, 어떤 걸 찾으시나요?"

"고양이용품 좀 볼까 해서요. 선물할 거예요."

"고객님, 그럼 고양이 쿠션 좀 보세요. 이건 캣닢이 들어간 쿠션인데 고양이들이 얼마나 캣닢을 좋아한다고요!"

"그래요? 그럼 이거 하나 주세요. 이게 제일 예쁘네요."

"호호호, 탁월한 선택이세요."

김실수는 백화점 직원의 지나친 친절이 부담스러워 아무거나 가장 화려하다고 생각한 쿠션을 골랐고 백화점 직원은 정성껏 포장해서 주었다. 다음 날, 엄마의 도움을 받아 코디를 한 김실수는 잔뜩 긴장하며 까탈상사에 갔다. 까탈상사의 사장인 노레드가 페트리시아를 안고 김실수를 맞이했다.

"어서 오세요. 호호! 요즘 회사 다니기 힘드시죠?"

"아니, 괜찮습니다. 요즘 들리는 소문에 까탈상사 매출이 많이 올랐다고 하던데 사장님 노하우를 알고 싶군요."

"호호. 노하우까지야. 김 대리 센스 있는데?"

풍만한 풍채 때문에 푹 꺼져 버린 소파에 앉은 노레드는 능글맞은 웃음을 한 번 지어 준 뒤 선물 쪽으로 눈이 쏠렸다.

"어머, 그건 무엇인가요?"

"네, 이건 저희 회사에서 사장님께 드리는 선물입니다. 캣닢이었나? 고양이가 아주 좋아한다고 해서 사 왔습니다."

"오, 이런 거 안 해 와도 되는데."

노레드는 선물을 뺏듯이 확 낚아챘다. 캣닢의 냄새를 맡은 뚱뚱한 고양이 페트리시아는 미친 듯 선물 상자를 뜯으려고 박박 긁어 댔다.

"우리 페트리시아가 참 좋아하네. 김 대리 정말 센스가 넘치는데? 호호!"

노레드는 매우 만족스런 표정으로 선물 상자를 뜯고 쿠션을 꺼내는 순간 깜짝 놀라 쿠션을 집어 던졌다.

"어맛, 이게 뭐야? 레드 아니야! 불결해, 불결해. 어떻게 레드 색깔의 쿠션을 선물할 수 있는 거죠?"

"네? 빨간색이요?"

"김 대리는 이게 뭐로 보여요? 응? 내가 레드를 정말 싫어한다는 걸 알고 일부로 골탕 먹이는 거예요?"

"아니요, 그게 아니라……."

"아니긴 뭐가 아니야! 이런 치욕스런 경우는 처음이야. 당장 돌아가세요!"

노레드는 갑자기 엉엉 울기 시작했다. 반면 주인의 속도 모르는 페트리시아는 쿠션을 물고 뜯고 뒹굴고 난리를 치고 있었다. 김실수는 우는 노레드를 보며 쩔쩔매다 자신의 눈을 원망하며 집으로 돌아왔다. 그러나 다음 날 회사는 핵폭탄을 맞은 것 같은 분위기였다.

"안녕하세요? 좋은 아침입니다."

사원들은 따가운 눈총으로 김실수를 보며 수군거렸다. 김실수는 어제의 실수 때문인가 싶어서 마음이 무거워지는데 인상을 잔뜩 찌푸린 부장이 김실수를 불렀다.

"김 대리, 일 그 따위로 할 거야?"

"네? 아니 어제 일은……."

"내가 뭐라고 했어? 빨간색은 절대로 안 된다고 했지? 그런데 빨간색도 모자라 번쩍거리는 빨간색 쿠션? 기가 차서 아무 말이 안 나오네. 내가 아무리 욕을 했어도 상대는 거래처 사장이야. 그런데 빨간 쿠션을 선물하면 어쩌자는 거야? 반항하고 싶었어? 어?"

김실수는 고개를 푹 숙였고 부장은 분에 못 이겨 씩씩거렸다.

"어쩔 거야? 어제 김 대리가 친 사고로 재계약을 다시 고려해 보겠다는 주요 거래처들의 통보가 줄을 잇고 있어! 아 놔, 이러다 화병으로 죽겠네."

"면목이 없습니다."

김실수는 힘없이 자리로 돌아왔다. 잠시 후, 부장이 다시 김실수를 불렀다.

"사장님 통보야. 김 대리, 오늘부로 해고야."

"네? 이런 경우가 어디 있습니까?"

"사장님 지시야."

빨간 쿠션 사건 때문에 졸지에 실업자가 된 김실수는 이번 일이 일부러 그런 게 아니라 실수임을 증명해 보이려 했으나 아무도 믿어 주지 않았다. 그래서 생물법정에 자신의 억울함을 풀어 달라고 호소했다.

나는 R원추 세포가 손상되어
빨간색을 감지하지
못할 뿐이라고!

사람의 눈은 시세포의 원추 세포에 의해 색깔을 구별합니다.
원추 세포는 R(Red), G(Green), B(Blue) 세 종류로 되어 있는데,
R, G, B 세 개 중 어느 한 가지 또는 두 가지 원추 세포가
손상되거나 없을 경우 색맹이 생깁니다.

**색맹은 무엇일까요?**
생물법정에서 알아봅시다.

🧑 생치 변호사 변론하세요.

🧑 사람의 눈은 밝은 조명 아래에서 약 1천만
가지의 색을 구별할 수 있다고 합니다. 이는
여느 기계나 동물이 못 따라오는 엄청난 능력입니다. 그런데
그런 예민한 눈이 고작 빨간색을 구별 못한다니 이상합니다.
따라서 이번 사건은 김실수 씨 이름 그대로 실수한 것이므로
김실수 씨가 책임을 져야 할 문제입니다.

🧑 비오 변호사 변론하세요.

🧑 신체검사를 할 때 녹색 계열과 붉은색 계열의 색깔을 둥그렇게
그려 놓고 그 안의 숫자를 읽어 보라고 한 적이 있을 것입니다.
대부분의 사람들은 숫자를 잘 읽지만 간혹 무슨 숫자인지 구별
하지 못하는 사람도 있습니다. 안과 전문의인 안경태 박사를
증인으로 요청합니다.

뱅글뱅글 안경을 쓰고 흰 가운을 입은 안경태 박사가
증인석에 앉았다.

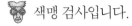 신체검사 때 하는 숫자 읽기 검사는 무엇인가요?

색맹 검사입니다.

색맹은 무엇이지요?

쉽게 말해 시세포에 이상이 생겨 특정한 색깔을 구별 못하는 증상을 말합니다.

우리는 어떻게 색깔을 구별할 수 있나요?

우리 눈은 빛 때문에 물체를 볼 수 있습니다. 빛이 눈으로 들어 오면 망막이라는 곳의 시세포에서 감지하는데 시세포는 간상 세포와 원추 세포로 나눕니다. 이때 간상세포는 어둠과 밝음을 감지하고 원추 세포는 색을 감지하죠.

원추 세포는 어떻게 해서 색을 감지하나요?

원추 세포는 R(Red), G(Green), B(Blue) 세 종류로 되어 있 는데 빛의 파장에 따라 감지하는 종류와 정도가 다릅니다. 예로 빨간빛이 들어오면 R 원추 세포가 감지하여 빨갛게 느끼 는 거죠.

색맹인 사람은 왜 색을 감지하지 못하나요?

R, G, B 세 개 중 어느 한 가지 또는 두 가지 원추 세포가 손상 되거나 없을 경우 색맹이 생깁니다. 예를 들어 R 원추 세포가 없을 때 빨간빛이 들어오면 빨간빛을 감지하지 못해 G나 B 원 추 세포에서 전혀 다른 색으로 받아들이는 것이죠.

색맹에는 어떤 종류가 있을까요?

크게 적색맹, 녹색맹, 전색맹이 있습니다.

각각의 특징에 대해 말해 주세요.

적색맹과 녹색맹은 빨간색이나 녹색을 같은 색으로 봅니다. 그래서 보통 적록색맹이라고 부릅니다. 그러나 적록색맹의 경우 빨간색과 녹색을 회색 바탕에 함께 두었을 때 구별을 못하지 따로 떨어뜨려 놓으면 구별이 가능합니다. 반면에 전색맹은 모든 색깔을 구별하지 못하고 모든 사물이 흑백 영화를 보는 것처럼 보입니다.

색맹은 타고나는 것일까요?

대부분의 경우 타고나지만 망막에 병이 들었다든가 알코올 중독으로 세포를 다치게 했을 경우에도 색맹이 오는 경우가 있습니다. 또 타고났을 경우 남자가 여자보다 색맹이 훨씬 많습니다.

사람의 눈은 시세포의 원추 세포에 의해 색깔을 구별합니다. 원추 세포에는 세 가지가 있는데 이 세 가지 중 한 가지 이상이 없거나 문제가 있을 경우 색깔 구별을 하기가 힘듭니다. 김실수 씨는 검사 결과 적록색맹이었으며 따라서 빨간색과 초록색이 같이 있었을 경우 구별을 못했을 것입니다. 따라서 김실수 씨가 빨간색 쿠션을 선물한 것은 고의가 아니었을 것입니다.

판결합니다. 김실수 씨는 빨간색과 초록색이 같이 있을 경우 같은 색으로 보는 적록색맹이었고 빨간색 쿠션을 고른 것은 일부러 그런 것이 아니라 빨간색인 줄 몰랐기 때문일 것입니다.

따라서 회사에서는 김실수 씨가 적록색맹인 것을 감안해 한 번 더 기회를 주기 바랍니다.

판결 후 김실수는 다시 회사에 복직했고 주변 동료들의 도움을 받아 다시는 실수하지 않았다.

**돌터니즘**

색맹을 영어로 돌터니즘이라고 부른다. 원자설로 유명한 영국의 화학자 돌턴은 어릴 때부터 붉은색과 파란색을 잘 구별하지 못해 붉은 꽃을 보고도 푸른 꽃이라고 얘기하곤 했다. 돌턴은 자신이 색맹인 이유가 붉은빛에 반응하는 세포가 부족하기 때문이라는 것을 알아냈다. 그 후 사람들은 그의 이름을 따서 색맹을 돌터니즘이라고 부르게 되었다.

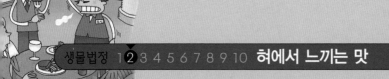

# 매운맛도 맛일까?

매운맛과 떫은맛은 혀에 통증을 줘서 느끼는 거라고요?

"아저씨, 여기 된장찌개 하나요."

"사람이 두 사람인데 어떻게 하나를 먹어? 2인분

먹어."

"아니요, 전 안 먹을 거예요."

"안 돼. 우리는 머릿수로 팔아."

손님들의 불만 가득한 표정에도 아랑곳하지 않고 방정식은 된장

찌개 2인분을 외쳤다.

"자기야, 우리 딴 곳 가서 먹으면 안 돼?"

"다른 식당도 마찬가지야. 그나마 여기가 제일 맛있어서 사람들이 오는 거지."

"뭐 이런 곳이 다 있어? 난 이렇게 서비스가 엉망인 지역은 처음
와 본다."

화국 대학교 앞 식당가들은 무조건 음식을 사람 머릿수대로 팔았
다. 아무리 밥을 먹고 왔다고 안 시킨다고 해도 밥을 시키든가 나가
든가 하라며 윽박지르는 것은 기본이었다. 결국 대부분 타지에서 온
사람들인 화국 대학교의 학생들은 울며 겨자 먹기로 음식을 시킬 수
밖에 없는 노릇이었다. 그중 그나마 학생들이 많이 찾는 방정식의
식당은 넉넉한 음식에 맛도 좋았다. 그러나 넉넉한 음식에 비해 방
정식의 인심은 그리 넉넉하지 않았다.

"아저씨, 현금 대신 카드는 안 되나요?"

"카드? 그런 건 우리 집에서 안 받아."

"에이, 요즘 카드 안 되는 곳이 어디 있어요?"

"어디 있긴, 여기 있지. 돈 없으면 어서 뽑아 와. 지갑은 놔두고
카드만 들고 갔다 와."

카드로 계산하려던 손님은 졸지에 현금 지급기가 있는 곳으로 뛰
어 갔다 와야만 했다. 그러나 그뿐만이 아니었다.

"여보세요?"

"어, 나 방씨네 식당 주인인데 빨리 차 빼!"

"네? 그럴 리가요. 문을 피해서 주차해 놨어요."

"어쨌든 우리 가게 앞에 차를 세워 놨잖아. 이건 엄연히 영업 방

해야. 10분 내로 차 안 빼면 견인 조치해 버릴 거야."

이렇듯 정식은 자기가 손해 볼 짓이라면 절대 당하지 않으려고 했다. 조금이라도 불상사가 발생하면 목소리 큰 사람이 이긴다는 옛말을 그대로 이용하여 큰소리로 욕을 꽥꽥 내뱉었다. 그래서 학생들 사이에서 방정식의 별명은 '욕하는 확성기'였다. 그런데 그에게는 눈에 넣어도 아프지 않을 만큼 사랑스런 아들인 방대굴이 있었다.

"학교 다녀왔습니다."

"오, 우리 아들! 학교 잘 다녀왔어? 공부는 열심히 했고?"

"예, 공부 좀 열심히 했더니 배가 고프네!"

"그래, 우리 아들 공부하느라 배고팠을 텐데 아빠가 맛있는 거 해 줄게."

정식은 신난 표정으로 주방 아주머니에게 식당에서 제일 비싼 두루치기를 3인분이나 준비하라고 시켰다.

"우리 아들, 공부는 잘돼 가? 공부 좀 쉬엄쉬엄 하렴. 얼굴이 반쪽 된 거 봐."

정식은 대굴의 얼굴을 쓰다듬으며 안타까워했다. 그러나 대굴은 체중이 초고도 비만으로 나온, 매우 뚱뚱한 중학생으로 바늘로 찌르면 터질 것 같은 뚱뚱한 볼 살에 숨 쉬면 옷의 단추가 떨어질 것만 같은 뱃살의 소유자였다.

"아들, 어제는 왜 그렇게 공부를 오래 했어? 밤늦게까지 불이 켜져 있던데."

"냠냠, 켁! 아…… 그게……. 맞다, 오늘 쪽지 시험이 있었어."

"에구, 어제도 쪽지 시험 있어서 공부하더니만 매일 시험 치는 거야? 시험 때문에 우리 아들 쓰러지겠네."

"아하하, 뭐 그런 것 가지고."

대굴은 놀란 가슴을 쓸어내렸다. 사실 요즘 매일 밤늦게까지 만화책을 보고 있었기 때문이다. 그 덕에 매일 수업 시간마다 퍼져 자느라 선생님들의 눈에 찍힌 지 오래되었다.

"요즘 급식은 먹을 만하니?"

"그다지 좋진 않아. 학생들이 무슨 토끼인 줄 알아."

"그러니? 그럼 점심 때 식당 나와서 먹어."

"싫어!"

대굴은 고개를 휘저으며 볼 털기를 했다. 안 그래도 학교에서도 뚱뚱하다고 놀림 받는데 식당에 오면 자신을 보며 키득거리는 손님들의 시선이 싫었기 때문이었다.

"부지직!"

갑자기 대굴의 의자가 부서졌다. 그 덕에 대굴은 엉덩방아를 찧었고 그 모습을 본 주변의 손님들은 크게 웃기 시작했다.

"뭘 웃어? 식당에 왔으면 밥이나 먹어! 아들, 괜찮아?"

대굴의 눈에는 눈물이 그렁그렁했다. 정식은 대굴을 일으키려 했지만 너무 무거워 낑낑거렸다.

"아빠, 나 집에 갈래."

대굴은 매우 침울한 표정을 짓고는 가게를 나섰다. 정식은 대굴이 부러뜨려 놓은 의자를 치우고 의자를 구입한 곳에 전화했다.

"네, 튼튼 가구입니다."

"여기 방씨네 식당인데 의자가 왜 이렇게 부실해?"

"부실하다니요. 그게 얼마나 튼튼한 건데."

"우리 아들이 이 의자 때문에 다칠 뻔했잖아. 만약에 다쳤으면 어쩔 뻔했어? 순 불량품만 파네."

"이것 보세요. 전에도 부러졌다고 해서 불량인지 아닌지 꼼꼼하게 검사하고 보내 준 거예요. 우리 집 의자 탓하지 말고 당신 아들 다이어트나 시키세요!"

"아니, 우리 아들이 어디 봐서 살쪘다는 거야? 눈 있으면 똑바로 보고나 이야기해. 에이, 이제 거기서 다시 의자 사나 봐라."

방정식은 기분이 확 상해서 전화를 끊었다. 그의 눈에는 한없이 가녀린 아들이니 누가 뭐라고 해도 전혀 상황 파악이 안 되는 것은 당연했다.

그런데 어느 날부터인가 손님이 뜸해졌다.

"이상하다, 방학도 아닌데 왜 이렇게 손님이 없지?"

방정식은 이상한 마음에 식당 밖으로 나왔다. 분명 학생들은 많은데 손님이 없다는 것은 이상한 현상이었다. 그러던 중 어떤 젊은 아가씨가 나누어 준 전단지를 받았다.

'대학생들을 위한 환상의 퓨전 레스토랑 오픈! 세계의 음식을 모두 만날 수 있는 절호의 기회, 놓치지 마세요.'

"퓨전, 좋아하시네. 그래도 사람에겐 밥이 최고지, 암!"

그러나 방정식의 예상은 빗나갔다. 퓨전 레스토랑은 그동안 대학 앞의 식당에서 찾아볼 수 없었던 친절한 서비스와 다양한 메뉴로 학생들에게 인기 만점이었다. 무엇보다도 특유의 매운 소스로 만든 음식들이 인기였다.

"아빠, 무슨 걱정 있어?"

"요즘 식당이 잘 안 돼. 그 퓨전인가 뭔가 아무튼 그 식당이 손님들을 죄다 뺏어 갔지 뭐야."

"아, 그 퓨전 레스토랑? 거기 맛있…… 아니야. 하하! 그런데 아빠, 학교에서 배웠는데 매운맛은 맛이 아니라던데?"

대굴의 말을 들은 방정식은 머릿속에 번뜩 하고 무언가 스쳐 지나갔다. 갑자기 자리에서 벌떡 일어나더니 대굴을 데리고 퓨전 레스토랑으로 향했다. 퓨전 레스토랑 앞에는 '사람들을 휘어잡은 그 맛! 매운맛의 세계로 빠져 보세요!'라는 현수막이 커다랗게 붙여져 있었다.

"매운맛은 맛이 아니라고?"

"으응, 그런데 아빠 뭐하려고?"

정식은 쿵쿵거리며 레스토랑 안으로 들어갔다.

"어서 오세요, 사랑과 친절⋯⋯."

"사랑과 친절 좋아하시네, 이 사기꾼들!"

레스토랑 직원은 당황하여 잠시 넋이 나간 상태로 방정식을 바라보았다.

"흥, 매운맛도 맛이라고? 이 무식한 것들아! 매운맛은 맛이 아니야."

"손님, 이러시지 마시고⋯⋯."

"난 손님이 아니라 방정식이야! 방씨네 식당 주인! 사기꾼 집단인 당신네들 때문에 내가 망하게 생겼어. 알아?"

"아니, 방정식 씨. 이렇게 소란 피우면 곤란하죠."

"다 엎어도 시원찮을 판에 뭐? 당신네들, 사기죄로 고소하겠어!"

매운맛은 미세포에서 자극을 받아 느끼는 것이 아니라
혀에 통증을 일으켜 느끼는 통각이랍니다.

**매운맛도 맛일까요?**
생물법정에서 알아봅시다.

🧑 판결을 시작하겠습니다. 피고 측 변론하세요.

🧑 사람은 음식을 먹을 때 맛을 느낍니다. 그래
서 음식을 먹었을 때 느끼는 맛마다 이름을
붙였지요. 예를 들어 신맛, 짠맛, 단맛 등이지요. 그러나 매운
맛은 맛이 아니라고 했는데 그러면 왜 매운맛이라고 했을까
요? 따라서 매운맛은 맛이 아니라고 하는 건 원고 측의 억지라
고 생각됩니다.

🧑 원고 측 변론하세요.

🧑 물론 매운 것을 먹었을 때 '매운맛'이라고 합니다. 그러나 맛
이라는 말을 붙였다고 해서 정말 맛이라고 볼 수 있을까요? 증
인으로 정통 고등학교 생물 교사 선비야 씨를 요청합니다.

전통 복장을 입은 중년의 남성이 툭 튀어나온 배를 앞
으로 쑥 내밀고 느릿느릿 팔자걸음으로 증인석을 향해 걸
어 왔다.

🧑 선비야 씨, 좀 빨리 걸어 와 앉아 주세요.

에헴, 저는 선비 집안 출신이라서 느리게 걷습니다. 빠르게 걷는 건 선비가 아니오.

알겠습니다만 그래도 최대한 빨리…….

알았소. 에헴! 자리에 앉았소. 됐지요? 변호사 양반, 묻고 싶은 게 뭐요?

네, 맛에 대한 질문입니다. 맛은 무엇입니까?

맛은 우리가 귀로 듣는 소리나 눈으로 보는 빛처럼 혀로 느끼는 일종의 자극입니다. 맛은 액체 상태의 물질을 느끼는 것이지요.

그러면 맛은 어떻게 느끼는 걸까요?

혀에 보면 유두라고 하는 수많은 돌기들이 나 있습니다. 유두 옆에는 미뢰라는 것이 있는데 이 미뢰에 감각을 느낄 수 있는 미세포가 있지요. 우리가 음식을 먹어서 액체 물질이 미세포를 자극하면 미세포와 연결된 미신경을 통해 대뇌로 전달되어 맛을 느끼게 되는 것이지요.

조금 어려운 것 같은데 쉽게 설명해 주시겠어요?

어험, 생물 용어가 좀 어렵기는 하지. 쉽게 말해 미세포는 자극을 받아들이는 스위치의 역할이고 미신경은 자극을 전달하는 선, 대뇌는 자극을 감지하는 센서의 역할을 하지요.

그렇군요. 맛에는 어떤 것들이 있나요?

생물에서 이야기하는 맛은 네 가지입니다. 단맛, 짠맛, 신맛, 쓴맛이지요.

😊 혀의 모든 부위에서 다 느낄 수 있나요?

😊 예, 대체로 그렇다고 볼 수 있습니다. 혀끝에서 단맛을 강하게 느낀다고 해서 그 부분에서만 단맛을 느끼는 것은 아닙니다. 모든 맛이 세기가 강하면 혀의 어느 부위에서나 느낄 수 있습니다.

😊 그런데 이 네 가지 맛 이외에도 매운맛, 떫은맛이 있는데 그건 맛이 아닌가요?

😊 생물에서는 매운맛과 떫은맛은 단맛, 신맛 등과 같은 맛이 아니라고 합니다.

😊 왜 그런 것이죠?

😊 매운맛은 미세포에서 자극을 받아 느끼는 것이 아니라 혀에 통증을 일으켜 느끼는 통각이지요. 반면 떫은맛은 혀를 압박시켜서 느끼게 해 주는 겁니다.

😊 네, 말씀 감사합니다. 우리는 혀로 맛을 느낍니다. 맛은 빛과 소리와 같이 혀가 느끼는 자극이고 종류에는 단맛, 쓴맛, 신맛, 짠맛 이렇게 네 가지가 있습니다. 반면 매운맛과 떫은맛은 혀의 자극이 아닌 혀에 통증을 주거나 압박시켜서 느끼는 것이므로 맛이라고 할 수 없습니다.

😠 판결합니다. 우리는 혀에서 느끼는 것을 무조건 맛이라고 하는데 단맛, 쓴맛, 신맛, 짠맛만이 생물에서 말하는 '맛'입니다. 따라서 매운맛은 맛이 아니지만 보통 우리가 맵다는 것을 매운

맛이라고 표현하기 때문에 피고 측의 '매운맛' 이라는 표현은
사용하는 데 큰 무리가 없을 것입니다.

판결 후 퓨전 레스토랑은 더 많은 손님들이 몰렸고 공화국대학교
앞 식당들은 거의 망하려 하자 스스로 각성하고 질 좋은 음식과 친
절한 서비스를 제공해 차츰 학생들의 사랑을 받았다.

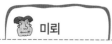

**미뢰**

미뢰는 주로 혀에 위치하며, 높이는 약 80마이크로미터이고 너비는 약 40마이크로미터이다. 여기서
1마이크로미터는 1밀리미터의 1000분의 1이다. 미뢰는 튀어나온 구조물에 둘러싸여 있으며, 안에는
맛을 느끼는 기관이 들어 있다. 미뢰는 혀뿐 아니라 뺨에도 들어 있다.

# 코감기에 걸린 미식가

왜 코감기에 걸리면 음식 맛을 제대로 느낄 수 없을까요?

"어서 오십시오, 손님! 최고의 맛과 친절로 모시

겠습니다."

"어허, 좀 더 부드럽게. 다시 한 번!"

"어서 오십시오, 손님! 최고의 맛과 친절로 모시겠습니다."

오늘도 베스트 레스토랑은 개업 전 직원 교육에 한창이다. 베스트

레스토랑은 친절, 맛, 분위기라는 삼박자를 골고루 갖춘 최고의 레

스토랑이라고 평가 받는 곳이었다. 그래서 사람들에게 인기가 많았

다. 이 레스토랑의 직원들은 각 분야의 대회 입상자들로만 이루어질

만큼 엘리트들만 들어올 수 있는 레스토랑이기도 했다.

"이번에 주방에 신입 들어왔다면서, 어디 출신이래?"

"어, 세계 요리왕 선발 대회에서 2등 했다던데?"

"오, 주방장님이 직접 스카우트해 왔다고 하더니 대단한 사람이 왔네."

이번에 주방팀 신입 직원으로 들어온 한성궁은 모든 이들의 관심 대상이었다. 그녀는 요리사들이 따기 어렵다는 이색 요리 전문가 자격증을 취득했음은 물론 세계 요리왕 선발 대회에서 2위에 입상한 인재였다.

"우리 레스토랑은 각 직원마다 자신만의 음식을 메뉴판에 올리지. 자네는 무엇을 할 건가?"

"네, 저는 불고기 돌판 볶음밥을 할 겁니다."

"너무 평범하지 않은가?"

"아닙니다, 불고기뿐만 아니라 갖가지 야채와 저의 비법 소스가 들어갑니다. 제가 선발 대회 때 만든 작품이죠."

"오, 그런가? 어디 한번 해 보게나."

한성궁은 재빠른 동작으로 재료를 준비하고 곧 요리를 시작했다. 그리고 마지막으로 007 가방에서 꺼낸 소스를 뿌린 뒤 선보였다.

"흠, 겉으로는 매우 평범해 보이는데…… 냠냠!"

의심의 눈초리로 고개를 갸우뚱거리며 음식을 한 입 먹은 주방장은 눈을 지그시 감고 맛을 보다 갑자기 눈을 번쩍 뜨더니 눈물을 흘리며 한성궁을 잡고 흔들었다.

"이건 고향의 맛이야! 오, 개울이 휘돌아가는 그 가운데 소가 음매~ 음매~ 마치 한가로운 시골 풍경이 생각나는군! 좋아, 이건 당장 특선 메뉴에 올린다."

불고기 돌판 볶음밥은 특선 메뉴에 올라갔고 그 후 손님들로부터 인기가 나날이 치솟았다. 사람들의 입 소문을 타고 더 많은 사람들이 몰려오고 공중파에서도 취재를 나올 정도였다.

"맛을 찾아라! 오늘은 불고기 돌판 볶음밥으로 유명한 한 레스토랑을 찾았습니다. 한성궁 씨 안녕하세요?"

"어서 오세요."

"사람들 사이에서 불고기 돌판 볶음밥이 선풍적인 인기를 끌고 있어요. 한번 먹어 볼 수 있을까요?"

"네, 즉석에서 만들어 드릴게요."

한성궁은 첫 텔레비전 출연이라 떨려서 매우 경직된 모습으로 요리를 했다. 카메라는 계속 찍고 있었고 리포터는 카메라 뒤에서 매일 보던 풍경이라는 듯 따분한 표정을 짓고 있다가 한성궁이 007 가방을 꺼낼 때 갑자기 튀어나왔다.

"어머, 그 가방은 뭔가요? 웬 병이 있네요?"

"아, 네네. 이것이 불고기 돌판 볶음밥의 핵심인 소스입니다."

"우아, 이것이 사람들을 푹 빠지게 만든다는 바로 그 소스군요! 무엇으로 만들었나요?"

"이건 저의 일급비밀입니다."

"에이, 궁금해하는 시청자 분들을 위해서 공개해 주세요."

"절대 안 됩니다. 자, 다 됐습니다."

소스의 비법 공개 요구를 단칼에 거절당한 리포터는 살짝 기분 나쁜 표정이었지만 볶음밥을 한 입 먹더니 매우 감격한 표정으로 한성궁의 손을 꼭 잡고 흥분된 목소리로 말했다.

"최고예요. 제가 먹어 본 볶음밥 중에 제일 최고예요. 어머머, 볶음밥에서 이런 맛이 나올 수 있다니!"

리포터는 어느새 감격의 눈물을 흘리고 있었다. 이 방송은 시청자들 사이에서 유명해졌고 더 많은 손님들이 몰려들었다. 어느 날, 예약 전화를 받던 매니저가 매우 흥분된 표정으로 긴급회의를 소집했다.

"내일 옹드레식 씨가 오후 2시에 레스토랑에 오시겠다고 합니다. 내일 우리 레스토랑의 운명이 걸렸어요."

"옹드레식 씨라면 미식가가 아니던가요? 운명까지야……."

"모르는 소리! 얼마 전 옹드레식 씨의 맛없다는 한마디 때문에 대형 레스토랑 하나가 망한 거 몰라요? 그뿐만 아니라 서비스도 안 좋으면 바로 레드카드가 들어온다고요."

직원들은 수군거렸다. 그렇게 대단한 사람이 오는 건 이번이 처음이었기 때문이다.

"한성궁 씨, 옹드레식 씨가 내일 불고기 돌판 볶음밥을 맛보러 오신답니다. 당신의 손에 우리 레스토랑의 미래가 달려 있어요."

"네, 최선을 다해 최고를 만들겠습니다."

다음 날, 베스트 레스토랑은 최고급 재료로 인테리어를 바꿨으며 직원들은 혹시 실수라도 할까 봐 잔뜩 긴장한 표정으로 각자 맡은 부분을 연습했다.

"오늘 메인 서빙은 나능숙 씨가 하세요."

"네? 왜 그런 막중한 임무를 저에게 주시는 거죠?"

"나능숙 씨는 우리 레스토랑의 최고 베테랑 직원 아닙니까? 당신을 믿습니다. 다른 직원들도 나능숙 씨를 보조해서 잘해 주길 바랍니다."

이윽고 오후 2시가 되었다. 길고 큰 최고급 자동차가 레스토랑 앞에 서더니 흰색의 옷을 입고 화장한 얼굴의 50대 남성인 옹드레식이 차에서 내렸다. 레스토랑 사장과 매니저는 90도로 인사했다.

"어서 오십시오, 옹드레식 님. 저희 베스트 레스토랑을 찾아주셔서 무한한 영광입니다."

"오호호, 영광까지야. 저야말로 베리 생큐하지요."

"옹드레식 님, 자리까지 안내해 드리겠습니다."

옹드레식이 레스토랑에 들어서자 직원들이 2열로 서서 정중하게 인사를 했다. 옹드레식은 매우 만족한 표정으로 자리에 앉았다.

"베리 뷰티풀해용. 인테리어도 뷰티풀, 직원들도 매우 친절하고요. 에~취!"

"따뜻한 물과 티슈를 갖다 드리겠습니다."

"정말 친절하군용. 굿굿, 베리굿! 에~취! 내가 요즘 코감기에 걸

려서 냄새도 잘 못 맡고 힘들답니다. 그나저나 불고기 돌판 볶음밥
은 잘되고 있나용?"

"네, 주방에서 심혈을 기울여 만들고 있습니다."

"심혈까지야. 에~취! 기대하고 있겠어용."

한편 주방에서는 거의 전쟁 분위기였다. 주방장이 일일이 쫓아다
니며 코치하기는 이번이 처음이었다. 한성궁은 자신의 손에 레스토
랑의 미래가 달려 있다는 생각에 너무 부담스러웠다.

"걱정하지 말라고. 자네의 볶음밥은 최고일세! 더도 말고 덜도 말
고 평소만큼만 하게."

그러나 옹드레식 쪽은 상황이 그다지 좋지 못했다. 전채 요리와
음료를 먹은 옹드레식은 아까와는 달리 굉장히 시큰둥한 표정을 지
었기 때문이다. 그런 상황에 직원들은 더 긴장할 수밖에 없었고 어
떠한 상황에서도 냉정을 유지하는 나능숙마저도 잔뜩 긴장되어 있
는 상황이었다.

"옹드레식 님, 메인 요리인 돌고기 불판 볶음밥 나왔습니다."

"돌고기 불판? 호호호! 불고기 돌판이 아니라? 굉장히 유머러스
하시군용."

나능숙은 긴장한 나머지 말을 잘 못했고 매니저의 따가운 눈총을
받았다. 그러나 옹드레식은 오히려 시큰둥한 표정을 풀고 잔뜩 기대
하는 표정으로 한 숟갈 입에 넣고 몇 번 야금야금 먹더니 잔뜩 화가
난 표정으로 호통을 쳤다.

"아니, 내가 우스워 보입니까? 전채 요리도 그렇고 음료도 그렇고 이젠 메인 요리까지 아무 맛도 없는 맹맹한 것들만 내놓는군요."

"옹드레식 님, 맘에 안 드셨습니까?"

"맘에 안 드는 정도가 아니라 최악이에용. 어째서 사람들은 이 볶음밥에 열광을 하는 건지. 요즘 사람들은 저질, 저질, 저질들이야. 에~춰!"

옹드레식은 씩씩거리며 차를 타고 돌아가 버렸다. 전 직원들은 허탈해하며 주저앉았고 사장은 잔뜩 화가 나서 주방장에게 소리쳤다.

"도대체 음식을 어떻게 만들었기에 그럽니까?"

"죄송합니다."

"죄송하다면 다입니까? 이제 우리 레스토랑은 망했어요."

고개를 푹 숙인 주방장은 아무 말도 하지 못했다. 그러나 몰래 맛을 본 직원들은 이상하다는 듯 고개를 갸우뚱거렸다.

"아무 맛도 없기는, 맛있기만 하네. 옹드레식인지 뭔지 혀에 마비가 온 거 아냐?"

"그러게, 이때까지의 음식 중에 최고인데!"

어쨌든 옹드레식이 화가 나서 돌아갔으니 결과는 뻔했다. 다음 날부터 소문이 퍼졌고 손님들의 발길이 뚝 끊겼다.

"이를 어찌하면 좋단 말입니까? 이제 손님이 없어요, 손님이!"

직원들은 풀이 죽어 망연자실하게 있었고 주방 쪽은 쥐 죽은 듯이 조용했다. 허탈해하며 주저앉아 있던 주방장 곁에 한성궁이 비장한 표정으로 말했다.

"옹드레식을 생물법정에 고소하겠어요."

주방장은 눈이 휘둥그레지면서 말했다.

"무슨 소리야, 상대는 옹드레식이라고! 어떻게 이기려고? 오히려 우리의 무덤만 파는 셈이야."

"아니요. 제 음식이 맛이 맹맹했다는 게 이상해요. 거기다 코감기…… 어쨌든 요리사로서의 제 자존심을 짓밟은 그 사람을 도저히 용서할 수 없어요!"

한성궁은 전 직원의 만류에도 불구하고 옹드레식을 생물법정에 고소했다.

콧속의 윗부분에 후각 상피 세포가 있는데 그 속에 후세포가 있고
500만 개 이상의 신경 세포가 연결되어 있어요.
길쭉한 모양의 후세포는 끝부분에 있는 감각 털을 이용하여
음식 냄새를 감지합니다.

코가 막히면 왜 맛을 제대로 못 볼까요?
생물법정에서 알아봅시다.

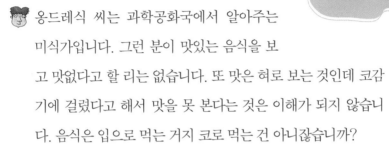

피고 측 변론하세요.

옹드레식 씨는 과학공화국에서 알아주는 미식가입니다. 그런 분이 맛있는 음식을 보고 맛없다고 할 리는 없습니다. 또 맛은 혀로 보는 것인데 코감기에 걸렸다고 해서 맛을 못 본다는 것은 이해가 되지 않습니다. 음식은 입으로 먹는 거지 코로 먹는 건 아니잖습니까?

그럼 질문 하나 하지요. 생치 변호사는 코감기에 걸렸을 때 모든 맛을 정확히 구분했습니까?

음, 꼭 그렇지만은…….

생치 변호사의 변론도 일리가 있지만 뭔가 부족해 보이는군요. 원고 측 변론하세요.

보통 사람들은 감기, 특히 코감기에 걸렸을 때 입맛이 없다고 합니다. 왜 그럴까요? 이비인후과 전문의 후비세 씨를 증인으로 요청합니다.

두 손 가득 면봉을 쥐고 흰 가운을 입은 후비세 씨가 증인
석에 앉았다.

🧑 코는 어떻게 냄새를 맡죠?

🧑 콧속의 윗부분에 후각 상피 세포가 있습니다. 그 속에는 후세포가 있고 그와 연결된 신경 세포는 무려 500만 개 이상입니다. 후세포는 길쭉한 모양으로 끝부분에 감각 털이 있으며 냄새를 감지합니다. 냄새 자극을 받은 후세포는 후신경을 통해 대뇌에 전달되어 냄새를 맡는 것이지요.

🧑 코감기에 걸리면 냄새를 잘 맡지 못하게 되잖아요. 그건 왜 그렇죠?

🧑 감기 때문에 생긴 콧물이 콧속 천장 벽에 쌓여서 냄새가 후세포를 자극시키는 걸 방해한다든가 후신경의 일부가 염증을 일으켜 냄새를 맡는 기능이 약해졌기 때문입니다.

🧑 냄새를 맡는 것과 맛을 보는 것은 관계가 있습니까?

🧑 네, 매우 밀접한 관계가 있습니다. 우리가 코감기에 걸렸을 때 맛있는 음식을 먹어도 맛을 제대로 느낄 수 없다는 점에서 충분히 알 수 있지요.

🧑 냄새와 맛은 어떤 관련이 있나요?

🧑 맛있는 음식의 냄새를 맡으면 저절로 입에 침이 고일 때가 있죠? 그것은 미리 소화 준비를 하는 단계입니다. 침뿐만 아니라 위액을 분비시키기도 하죠.

🧑 맛은 혀로 느끼지 않습니까? 혀로만 맛을 충분히 느낄 수 있을 것 같은데, 아닙니까?

혀는 단지 짠맛, 신맛, 쓴맛, 단맛밖에 느끼지 못합니다. 따라서 음식의 고유한 맛을 혼자 판별하기엔 무리가 있죠.

우리가 쓴 한약을 먹을 때 코를 막고 먹으면 덜 쓴 것과 같은 이치군요.

그렇습니다. 그러나 음식을 먹기 전에도 냄새를 맡지만 음식을 먹고 난 후 음식 냄새가 코와 입 안을 연결하는 통로를 통해 후세포에 도달해 냄새를 감지합니다.

우리는 혀로만 음식을 맛본다고 생각합니다. 그러나 혀는 단지 네 가지 맛만 구별할 수 있을 뿐 음식의 독특한 맛은 구별하지 못합니다. 음식이 맛있다고 느끼는 것은 혀의 맛뿐만 아니라 음식물의 냄새를 맡은 코 때문이기도 합니다. 그래서 코감기 등으로 냄새를 제대로 맡지 못할 때 음식의 맛을 제대로 알지 못하는 것입니다.

판결합니다. 음식의 맛을 느낄 때 혀뿐만 아니라 냄새를 맡는 코도 중요한 역할을 합니다. 따라서 음식 냄새를 못 맡을 때 음식이 맛없게 느껴지는 것이지요. 옹드레식 씨는 베스트 레스토랑을 찾을 당시 코감기에 걸려 있었고 그 때문에 음식 맛을 제대로 느끼지 못했을 것입니다. 따라서 코감기가 다 나아 제대로 음식 맛을 볼 수 있을 때 다시 베스트 레스토랑을 찾으시기 바랍니다.

판결 후 옹드레식은 다시 베스트 레스토랑을 찾았고 입에 침이 마르도록 칭찬을 하고 갔다. 그 후 베스트 레스토랑은 다시 많은 손님들로 북적거렸다.

 코

코는 사람에게 필요한 산소를 공급하는 첫 번째 문이고 사람 몸에 필요가 없는 이산화탄소를 몸 밖으로 내보내는 출구이다. 코는 냄새를 맡는 역할, 소리를 낼 때 소리를 울리게 하는 역할을 한다.

# 비행기 타면 귀가 아파요

비행기에는 기압을 일정하게 유지해 주는 장치가 있다는데 왜 귀가 아플까요?

저녁놀이 걷힌 자리에는 둥그런 보름달이 떠 온
세상을 비추고 있다. 오늘은 정월 대보름, 한 노부부
가 부럼을 까먹으며 창문 사이로 달을 바라보았다.

"임자, 소원 빌었어?"

"그럼, 영감은?"

"나도!"

"벌써 40년이우, 우리가 부부가 된 지도."

"그러게. 아무것도 없이 맨손으로 시작해서 이 고생 저 고생 다
했지만 자식들 건강하게 잘 자라 제 구실하고 사니, 우리는 이렇게

늙었구려."

아내인 유옥분은 눈시울이 붉어졌다. 그간의 고생한 세월들이 생각나 괜히 가슴 한구석이 찡해졌기 때문이다. 남편인 차돌석은 그런 유옥분의 손을 꼭 잡으며 말했다.

"임자, 시집왔을 때 손은 참 고왔는데 나 때문에 이렇게 되었구려."

"그래도 잘 살았어, 암만! 그나저나 보석 박힌 번쩍거리는 반지 해 준다더니 왜 감감무소식이슈?"

"에헴, 그게 말이지……."

"나 시집올 때 옥가락지도 못 받아서 그게 평생 한이 되었는데 그것보다 더 좋은 반지가 있다며 다음에 꼭 사 준다고 달래 준 게 누구였소? 그게 몇 년째인 줄 아우?"

유옥분은 눈을 부라리며 말했다. 차돌석은 아무 말도 할 수 없어 계속 헛기침만 해 대다 갑자기 생각난 게 있는지 호들갑을 떨며 말했다.

"참, 임자! 자식들이 우리 온천 여행 보내 준대."

"반지 얘기하다가 웬 자다가 봉창 두드리는 소리여? 온천 여행은 지난번에 했구먼. 이렇게 또 넘어가려고 그러지?"

"아니야, 참말이라고! 일두가 그러는데 비행기 타고 해외로 보내 준다는데?"

"해외? 아이고 우리 팔자에 해외는 무슨! 애들 돈도 없을 텐데."

"애들이 우리 결혼 40주년 기념인가 뭐신가 해서 돈 모아 보내 준

대. 우리 자식 농사 하나는 잘 지었어. 허허!"

"참말이지?"

"그럼! 못 믿겠으면 직접 확인 전화해 봐."

유옥분은 계속 의심의 눈초리를 하며 첫째 아들인 일두에게 전화를 걸었고 통화를 한 후 갑자기 싱글벙글해졌다.

"아이고, 영감! 이웃 나라인 저판공화국에 온천 여행 보내 준대. 영감 말대로 자식 농사 하나는 잘 지었어. 호호호! 누구한테 자랑한담. 전에 밍크코트 받았다면서 한여름에 입고 다니던 영천댁에게 자랑을 할까, 아니면 금가락지 받았다고 주책을 떨던 밀양댁에게 자랑을 할까? 호호호!"

유옥분은 자리에서 일어나 덩실덩실 춤을 추었다. 그것을 본 차돌석은 '저리도 좋을까' 혀를 끌끌 차면서도 자신도 기분이 좋아졌다. 그러나 둘 다 비행기는 처음 타 보았기에 비행기에 대한 정보가 전혀 없었다.

"밀양댁이 그러는데 비행기 안이 꼭 집처럼 되어 있다고 하네."

"정말 방같이 되어 있다고 하남?"

"암만, 담요가 척 하니 깔려 있고 의자도 다 있다고 하네. 아가씨들이 차도 주고 밥도 주고 한다네."

"다방 아가씨처럼 예쁜감?"

"모르지…… 그런데 다방 아가씨? 영감, 아직도 저쪽 오셈 다방에 가지?"

"아, 아니야! 내가 가기는 무슨."

"거짓말 마! 엊그저께 영감 주머니에서 나온 이 라이터는 뭐야? 아이고, 나이 먹어도 마누라 속을 박박 긁는구먼. 흑흑!"

"임자, 하늘이 두 쪽 나도 내겐 임자밖에 없다는 걸 알면서 왜 또 그러나?"

차돌석은 토라진 유옥분을 달래느라 힘들었다. 그렇지만 아가씨들이 서빙해 주는 날아다니는 집이라, 차돌석은 기대감에 부풀어 있었다.

"어머니, 짐은 다 챙기셨어요?"

"암만, 느그 시아버지 것도 다 챙겼으니 걱정 마라."

"혹시나 모르니까 비상약 넣어 둘게요. 뭐가 뭔지는 다 적어 두었어요."

"오냐, 고맙구나! 에구, 우리 강아지! 할머니 잘 다녀올게."

"네, 할머니! 선물 사다 주세요."

"그려, 우리 예쁜 강아지 선물 사다 줄게."

부부는 자식들의 배웅을 받고 일행들과 함께 비행기를 타러 갔다. 일행들도 이 부부와 같이 비행기를 처음 타 본 사람들이 대부분이었다. 일행들 중 맨 앞에 서 있던 차돌석과 유옥분은 비행기 바닥에 깔린 카펫을 보고 당황스러웠다.

"음마? 방처럼 되어 있다고 하더니만 참말이네. 신발을 벗어야 하나?"

"그럼! 방인데 신발을 벗고 들어가야지."

부부는 신발을 벗고 비행기 안으로 들어갔고 뒤에 있던 사람들도 일제히 신발을 벗고 들어갔다. 이 풍경을 본 스튜어디스는 당황해하며 말했다.

"어르신! 비행기 안에서는 신발을 신고 계셔도 됩니다."

"아이고, 그런감? 난 또 신발을 벗어야 되는 줄 알았지. 허허!"

부부는 부끄러워하며 애써 태연한 척 신발을 신었다. 그리고 스튜어디스가 안내해 준 대로 자리에 앉아 신기한 듯 두리번거렸다.

"어르신! 녹차, 홍차, 커피 중 어떤 걸 드시겠습니까?"

"녹차가 마시고 싶은데, 얼마지요?"

"돈은 안 내셔도 됩니다."

"아, 그럼 한 잔 주쇼. 임자, 여긴 차도 공짜고 좋구먼."

부부는 신이 났다. 그러나 신나는 것도 잠시 언제부터인가 귀밑이 아프기 시작했다.

"임자, 나 귀밑이 아프구려."

"나도 그런데, 영감도 그려요? 우리 며늘아기가 챙겨 준 약이나 좀 먹어 봅시다."

그러나 며느리가 챙겨 준 약 중에는 귀가 아플 때 먹는 약은 없었다.

"여기, 아가씨! 귀가 아픈데 약 없소?"

"귀가 아프십니까? 약은 안 드셔도 되고 일시적인 현상이니 조금만 참으세요."

그러나 점점 더 귀밑이 아파왔다. 부부는 계속 아파 오니 신경질이 났다.

"여기요, 계속 아픈데 왜 이런 거래요?"

"계속 아프십니까? 그럼 입을 벌리거나 침을 삼켜 보세요."

부부는 스튜어디스가 시키는 대로 해 보았다. 그러나 아픈 건 전혀 사라지지 않았다.

"아이고, 나 죽네. 임자는 어때?"

"나도 죽을 것 같구려. 도대체 비행기 안에 뭐가 있기에 이렇게 귀가 아픈 거야?"

어느덧 비행기는 착륙을 했고 비행기에서 내린 부부는 아직도 귀밑이 아려 왔다.

"아이고! 더 오래 있었다가는 아파서 죽었겠네. 그래도 해외로 나오니 공기부터가 다르구려."

부부는 난생 처음 온 해외라서 그런지 귀밑이 아픈 것을 어느덧 잊어버리고 기분이 잔뜩 들떠 있었다. 그 기분만큼이나 여행은 만족스러웠고 다시 과학공화국으로 돌아갈 시간이 되었다.

"영감, 우리 손녀 선물은 챙겼지?"

"암만, 우리 예쁜 강아지 선물 챙겼지. 우리 아그들 선물도 챙겼고. 우린 선물만 잔뜩 사 가는 것 같구려. 허허!"

부부는 저번처럼 실수하지 않고 비행기를 탔다. 그러나 여전히 차돌석은 예쁜 스튜어디스를 보며 좋아했고 그때마다 유옥분은 눈치를 주거나 툭툭 쳤다. 하지만 즐거움도 잠시 또 다시 귀밑이 아파 오기 시작했다.

"아이고 영감, 또 귀가 아파. 영감은 안 그려?"

"나도 그래. 저번에도 아프더니만 이번에도 그러네. 아이고 나 죽네."

부부는 아파서 스튜어디스를 불렀지만 저번과 같은 대답만 돌아올 뿐이었다.

"아파 죽겠는데 약도 안 주고 왜 이런대? 아고고!"

"영감, 내가 생각하기에 필시 이 비행기 안에 이상한 장치가 있는 것 같소."

"이상한 장치?"

"그러지 않고서야 비행기 탈 때마다 이렇게 아플 리가 없잖소? 약 달라고 해도 안 주고."

"그러게, 우리 과학공화국으로 돌아가면 아그들한테 얘기해 봅시다."

부부는 과학공화국으로 돌아가 자식들에게 자초지종을 말했지만 자식들은 원래 그런 거라고 넘겼고 아무리 생각해도 이상하다고 생각한 부부는 유옥분의 친구들을 통해서 생물법정에 항공사를 고소했다.

유스타키오관은 고막의 안쪽과 바깥쪽의 압력을 조절하여
고막이 부풀어 오르는 것을 방지합니다. 그런데 유스타키오관은
평소에는 막혀 있는 경우가 많기 때문에
이것이 잘 조절되지 않는 사람은 더 심하게 아프답니다.

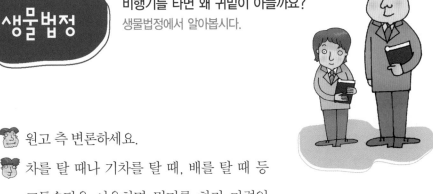

**비행기를 타면 왜 귀밑이 아플까요?**
생물법정에서 알아봅시다.

🙂 원고 측 변론하세요.

😀 차를 탈 때나 기차를 탈 때, 배를 탈 때 등
교통수단을 이용하면 멀미를 하기 마련입
니다. 그러나 멀미의 증상으로는 어지러움, 메스꺼움 등의 증
상이지 귀가 아프다거나 하는 이상한 증상은 나타나지 않습니
다. 그런데 원고 측은 비행기를 탈 때 한 번도 아닌 두 번씩이나
귀가 아팠다는 것은 비행기에 무슨 문제가 있었기 때문입니다.

😠 피고 측 변론하세요.

🙂 비행기가 착륙할 때 간혹 귀가 아프다고 호소하는 승객들이 있
습니다. 이는 다른 교통수단과는 달리 하늘을 나는 비행기라는
것에 이유가 있습니다. 이비인후과 전문의 후비세 씨를 증인으
로 요청합니다.

　두 손 가득 면봉을 쥐고 흰 가운을 입은 후비세 씨가 증
인석에 앉았다.

🙂 비행기를 타면 왜 귀가 아픈 것일까요?

비행기가 이륙하고 착륙할 때 갑자기 변하는 기압 차이 때문입니다.

기압 차이 때문에 어떻게 귀가 아픈 거죠?

기압 차이로 인한 고막의 변화 때문입니다. 고막은 몸 밖과 몸 안의 중간에 위치하는 얇고 예민한 막입니다.

보통 비행기에는 기압을 일정하게 유지해 주는 장치가 있다고 하는데 기압 차이가 난다는 말입니까?

고막이 워낙에 얇고 예민하기 때문에 고막 안과 밖의 기압까지 일정하게 해 주지는 못합니다.

그러면 고막이 어떻게 변하기에 아픈 거죠?

비행기가 이륙할 때는 고막의 바깥쪽의 압력이 점점 낮아지게 되고 고막은 바깥쪽으로 부풀게 되고 착륙할 때는 바깥쪽의 압력이 점점 높아지게 되므로 고막은 압력이 낮은 안쪽으로 부풀게 됩니다. 이때 아픔을 느끼는 것이지요.

그러나 모든 사람이 아프지는 않던데 왜 그런 걸까요?

유스타키오관이라는 기관 때문입니다. 이 기관은 고막의 바깥쪽 압력과 안쪽 압력을 같게 해 주는 역할을 합니다. 즉, 고막이 부푸는 것을 방지해 주죠. 그런데 유스타키오관은 평소에는 막혀 있는 경우가 많기 때문에 이것이 잘 조절되지 않는 사람은 아플 수밖에 없죠.

비행기 안에서 귀가 아프지 않게 하는 방법이 있을까요?

유스타키오관을 열어 주는 것입니다. 우리가 무언가를 삼킬 때 열리지요. 따라서 껌을 씹거나 사탕을 먹으면 됩니다. 아니면 하품을 해도 좋은 방법인데 이 방법 모두 안 될 경우 우선 엄지와 검지로 코를 막고 입속의 공기를 부풀려서 공기를 코 뒤로 힘껏 밀어 넣으면 귀가 뚫리는 소리가 날 겁니다.

비행기가 이륙하거나 착륙할 때 기압의 차이로 고막이 부풀어 오르는데 이때 유스타키오관은 고막의 안쪽과 바깥쪽의 압력을 조절하여 고막이 부풀어 오르는 것을 방지합니다. 그러나 유스타키오관은 평소 막혀 있는 경우가 많아 이것이 잘 조절되지 않을 경우 귀에 통증이 오는 것입니다.

판결합니다. 비행기는 이착륙 시 갑작스런 기압의 차이가 발생합니다. 그러나 이 기압의 차이를 줄이기 위해 장치를 설치해 두었지만 우리 귀의 고막이 압력 차이까지는 막지 못합니다. 비행기 이착륙 시 귀가 아픈 사람은 유스타키오관이 제대로 열리지 않아 기압 차이를 조절하지 못하기 때문입니다. 따라서 승객들은 이륙하기 전이나 착륙하기 전 충분히 유스타키오관

 중이염

사람의 귀는 세 부분으로 나뉘는데 그중 가운데 부분을 '중이'라 하고 여기에 염증이 생기는 것을 '중이염'이라 한다. 중이염은 주로 아이에게 많이 발생하지만 어른도 걸릴 수 있고 겨울과 초봄에 많이 발생한다. 중이염은 감기가 오래 지속되거나 아기가 우유에 대한 알레르기가 있을 때도 생길 수 있다.

이 열리게 해야 할 것입니다.

판결 후, 부부는 비행기를 절대 타지 않기로 결심했지만 과학공화국 주변 유명한 섬 여행을 가고 싶어서 또 비행기를 탔고 법정에서 일러 준 대로 했더니 귀가 아프지 않았다.

# 제자리 돌기 후 걷기

제자리 돌기를 하고 나면 왜 비틀비틀 걷게 될까요?

이제 사귄 지 두 달 된 캠퍼스 커플인 이열정과
박순진은 여느 커플과는 달리 어딘가 어색한 커플
이었다. 하지만 하는 행동이 귀여워 주변 친구들은
'병아리 커플'이라고 불렀다.

"순진아, 수업 다 마친 거야? 책 들어 줄게. 우리 영화 보러 갈까?"

"어어, 그래. 고마워!"

두 사람은 대학 동아리에서 만났고 이열정의 적극적인 공세와 주
변 친구들의 도움으로 사귀게 되었다. 이열정은 어떻게든 박순진에
게 잘해 주려 노력했고 적극적으로 애정 표현을 하려 하지만 남자를

처음 사귀어 본 박순진은 부끄러워 피하기 바빴다.

"순진아, 얼굴에 뭐 묻었어."

"정말?"

"어, 내가 닦아 줄게."

"아, 아니야."

박순진은 황급히 고개를 돌려 거울을 보고 얼굴에 묻은 것을 닦았다. 이열정은 그런 박순진의 모습이 귀엽기도 했지만 한편으로 섭섭한 마음이 들었다.

"순진아, 넌 내가 싫어?"

"아, 아니야."

"그럼 내가 좋은 거지?"

"으, 으응."

박순진의 얼굴이 새빨개져 고개를 푹 숙였다. 이열정은 이때다 싶어서 손을 잡으려 했지만 박순진이 재빠르게 피하는 바람에 또 실패하고 말았다.

"순진이 손은 귀하고도 귀한 보석인가 보다. 절대 안 잡히려고 하네."

"보석은 무슨…… 부끄럽단 말이야."

"자기야, 한 번만 잡아 보자. 응?"

"그만해."

박순진은 얼굴이 새빨개지다 못해 금방이라도 터질 것같이 변했고 갑자기 후닥닥 달려가기 시작했다.

"순진아, 갑자기 어디 가는 거야? 거기 서!"

커플은 캠퍼스에서 갑자기 도둑과 경찰이 된 것처럼 쫓고 쫓기는 상황이 되었다. 박순진은 이열정이 다가오면 다가올수록 더 빨리 달리려 했지만 고등학교 때 육상 선수로 활약할 만큼 달리기가 빠른 이열정에게 금방 잡혔다.

"잡았다, 헉헉! 점점 더 빨라지는 것 같아. 너 육상 선수해도 되겠다. 헉헉!"

무거운 책을 들고 박순진을 잡으려 열심히 뛰었던 이열정은 땅바닥에 주저앉아 숨을 헐떡이고 있었다.

"순진아, 우리 술래잡기 좀 그만하면 안 될까?"

"미안해! 하지만 부끄러워서……."

"알았어, 알았어. 미안하면 음료수 좀 사 주라. 나 힘들어."

박순진은 매점으로 달려가 이열정이 제일 좋아하는 '내일의 티'라는 음료수를 사 왔다.

"어? 내일의 티네! 내가 제일 좋아하는 걸 사 오다니 역시 내 여자 친구는 달라."

"네가 항상 마시고 있는 걸 봤거든."

"고마워!"

이열정은 음료수를 따서 벌컥벌컥 마셨다. 박순진은 옆에서 자신이 괜한 짓을 한 것 같아 미안한 마음이 들었다.

"우리 영화 뭐 볼까? 저녁도 같이 먹을 거지?"

"오늘 저녁은 고등학교 때 친구들이랑 약속이 있어서 같이 못 먹을 것 같아. 미안!"

"그렇구나, 가서 내 자랑 많이 해야 돼."

이열정은 한쪽 눈을 찡긋 감으며 윙크했다. 박순진은 그런 이열정의 모습에 가슴이 두근거렸다. 조금만 용기 내어 가까이 다가가고 싶은데 부끄러운 마음을 어찌하리오. 박순진은 자신의 성격이 정말 마음에 들지 않았다.

"순진아, 여기!"

영화를 다 본 후 약속 장소로 나간 박순진은 오랜만에 고등학교 친구들을 만났다.

"야, 하나도 안 변했어. 연애한다더니 좀 예뻐졌다?"

"뭐? 천하의 순둥이 박순진이 연애를 한다고? 어떤 남자야?"

"몰랐구나? 그 학교 최고 킹카인 이열정이라는 애랑 사귀고 있다고!"

"최고 킹카는 무슨! 평범해."

친구들은 박순진이 남자 친구를 사귀고 있다는 말에 그 사람이 누군지 호기심이 발동해 참을 수가 없었다. 고등학교 때도 정말 조용하고 순진해서 노처녀로 늙는 것은 아닌가 하고 걱정했는데 남자 친구가 있다니 놀라운 사실이었다.

"어떻게 생겼어? 잘생겼어? 사진 좀 보여 줘 봐."

"어, 여기 휴대전화에 있어."

"이야, 정말 잘생겼다! 그런데 연예인 중에 누구 닮지 않았어?"

"어어, 누구 닮은 것 같은데? 음, 그래! 배우 박산일 닮았다."

"정말이네! 고등학교 때 박산일 좋아한다고 하더니만 박산일 닮은 남자를 사귀다니, 순진이 대단한데? 부럽다."

친구들은 사진을 보고 호들갑을 떨었다. 그날 모임의 화제는 온통 이열정에 대한 것들이었다.

"그럼 얼마나 사귄 거야?"

"두 달쯤?"

"한참 좋을 때네? 순둥이가 먼저 고백했을 리는 없고 남자 친구가 고백해서 사귄 거지? 어떻게 고백 받은 거야?"

"으응, 동아리 MT 때 바닷가에서 고백 안 받아 주면 바다로 뛰어들겠다고 해서……."

"우아, 터프하다. 멋져, 멋져! 그럼 처음으로 뽀뽀한 건 언제야? 큭큭!"

"뽀뽀는 무슨! 손도 안 잡았는데."

친구들은 다들 놀라 서로를 바라보다 박순진이면 충분히 그럴 수 있겠다 싶었다. 그러다가 갑자기 장난기가 발동해서 박순진을 골려 주기로 했다.

"순진아, 그거 알아? 남자의 사랑을 확인할 수 있는 방법?"

"그게 뭔데?"

"코끼리 손 하는 거 있잖아. 그거 하고 뱅글뱅글 열 바퀴를 돌고 난 후 똑바로 걸으면 그 여자를 정말 사랑하는 거래."

"에이, 거짓말. 어떻게 똑바로 걸어?"

"정말이야! 우리 과 커플이 그렇게 해서 사랑을 검증 받았다고 하더라."

친구들은 심각해진 박순진의 얼굴 표정을 보고 웃음을 참느라 힘들었다. 그러면서 설마 시키겠냐고 생각했지만 그건 큰 오산이었다. 다음 날 이열정을 만난 박순진은 갑자기 코끼리 손을 하고 제자리에서 열 바퀴를 돈 후 똑바로 걸어 보라고 시킨 것이었다. 이열정은 어리둥절해하면서 일단 시키는 대로 해 보았으나 결과는 뻔했다. 비틀거리며 걷는 이열정의 모습을 보고 박순진은 배신감이 불쑥 들어 눈물을 흘렸다.

"순진아, 이건 왜 시킨 거야? 어, 울어? 왜 그래?"

"우리 헤어져."

"뭐? 갑자기 그게 무슨 말이야?"

"넌 나를 사랑하지 않아. 흑흑! 나쁜 자식."

시킨 대로 했는데 갑자기 헤어지자는 말을 들은 이열정은 어안이 벙벙해져서 자초지종을 물었다. 친구들에게 들었다는 박순진의 말에 이열정은 어이가 없어서 그건 사실이 아니라고 아무리 설명을 해도 말을 듣지 않아 결국 생물법정에 의뢰하게 되었다.

제자리 돌기를 하면 세반고리관 안의 림프가 움직이면서
감각모를 건들며 자극을 줍니다. 그러다가 갑자기 멈추게 되면
우리 몸은 멈춰 있지만 림프는 관성의 법칙 때문에 아직도 돌고 있다는
신호를 계속 줍니다. 때문에 어지러움을 느끼는 겁니다.

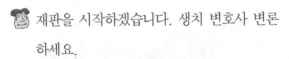
제자리 돌기 후에는 왜 똑바로 걷지 못할까요?
생물법정에서 알아봅시다.

재판을 시작하겠습니다. 생치 변호사 변론
하세요.

제자리 돌기 후 똑바로 걸어가는 사람이 있
는가 하면 비틀비틀 걸어가는 사람이 있습니다. 만약 똑바로
걸어가겠다고 마음을 먹으면 안 될 게 뭐가 있겠습니까? 따라
서 제자리 돌기를 아무리 많이 한다고 해도 똑바로 걷겠다는
의지가 있으면 비틀거리지 않고 걸을 수 있을 것입니다.

비오 변호사 변론하세요.

우리는 제자리 돌기 후에 어지러움을 느끼다가 조금 후 괜찮아
집니다. 이에 대해 자세히 알기 위해 이비인후과 전문의 후비
세 씨를 증인으로 요청합니다.

두 손 가득 면봉을 쥐고 흰 가운을 입은 후비세 씨가 증
인석에 앉았다.

제자리를 돌고 나서 멈추면 왜 어지러울까요?

귓속의 평형감각에 관여하는 세반고리관이라는 기관 때문에

그렇습니다.

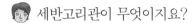 세반고리관이 무엇이지요?

세반고리관이 무엇이지요? 고막 안쪽에 위치한 기관인데요, 세 개의 반원형의 관이어서 세반고리관이라고 부릅니다. 보통 반고리관이라고도 부르죠. 이 세반고리관은 회전 감각을 감지합니다.

세반고리관은 어떻게 이루어져 있죠?

세반고리관 속에는 섬모, 그러니까 짧은 털을 가진 감각 세포가 다발로 들어 있습니다. 또 림프라는 액체 물질로 채워져 있습니다. 운동 방향이 바뀌거나 속력이 바뀔 경우 림프는 관성에 따라 움직이면서 감각모를 구부러지게 하여 감각세포를 자극합니다.

림프가 관성 때문에 움직이면 제자리 돌기 때도 마찬가지이겠군요?

그렇습니다. 우리가 제자리 돌기를 하면 세반고리관 안의 림프도 움직이면서 감각모를 건들며 자극하죠. 그 후 갑자기 멈추게 되면 우리 몸은 멈춰 있지만 림프는 계속 돌고 있는 상태이므로 계속 자극을 주어 아직도 돌고 있다고 신호를 줍니다. 그래서 우리는 아직도 돌고 있는 것처럼 어지러움을 느끼는 거죠.

세반고리관 외에 평형감각에 관여하는 기관은 무엇일까요?

세반고리관과 붙어 있는 전정 기관입니다.

전정 기관은 어떤 역할을 하죠?

세반고리관이 회전 운동을 감지한다면 전정 기관은 중력을 감지하여 몸의 위치를 알 수 있는 기관입니다.

어떻게 중력을 감지하죠?

전정 기관에는 감각모를 가진 감각 세포층이 있는데 그 위에는 이석이라고 하는 석회질의 알갱이들이 놓여 있습니다. 몸이 기울어지면 중력에 의해 이석이 감각모를 구부러지게 하여 자극을 전달하는 것이죠.

네, 그렇군요. 평형감각은 대뇌에서 느끼나요?

아닙니다. 평형감각은 다른 감각과는 달리 소뇌에서 감지하고 조절합니다.

우리의 귀는 듣는 것뿐만 아니라 평형감각도 느낄 수 있습니다. 특히 이번 사건인 제자리 돌기와 같이 몸을 회전하는 것은 세반고리관이라고 하는 기관에서 감지를 하는데 그 원리는 세반고리관에 채워져 있는 림프의 관성력 때문입니다.

림프는 액체 물질로 몸이 회전하면 같이 회전하다가 갑자기 멈추어도 관성 때문에 계속 회전하고 그 때문에 세반고리관은 아직 몸이 회전하고 있다고 소뇌에 신호를 보냅니다. 그래서 우리는 어지러움을 느끼고 평형을 순간적으로 잃어 비틀거리며 걸을 수밖에 없습니다. 따라서 박순진 씨는 오해를 푸시기 바랍니다.

판결 후 박순진은 친구들이 자신을 놀리려고 거짓말했다는 사실을 알았고 이열정의 진심을 알게 되어 더욱 친하게 지내게 되었다.

 달팽이관

달팽이 껍데기처럼 생긴 관으로, 그 속에 림프가 차 있고 귀의 안쪽에 위치한다. 달팽이관은 뼈로 된 기둥을 중심으로 두 바퀴 반 정도 감겨 있다. 달팽이관 속의 림프가 움직이면 그 압력으로 소리를 듣는 세포를 자극하여 흥분을 일으키고 이 흥분이 신경에 의해 뇌에 전달되어 소리를 듣게 한다.

# 소리를 눈으로 본다고?

과연 소리를 눈으로 볼 수 있는 방법이 있을까요?

"오, 그대여~ 이리 와요. 나에게로 와요~오!"

중학생인 박경임은 오늘도 거울 앞에서 볼펜을 마이크 삼아 잡고 온갖 예쁜 포즈를 취하면서 노래 연습을 했다.

"아무리 생각해도 난 전생에 꾀꼬리가 아니었을까? 안 그러면 이렇게 아름다운 목소리가 나올 리가 없지. 호호!"

박경임은 자신의 목소리가 웬만한 사람들보다 훨씬 아름다운 목소리라고 자부하고 있었다. 그래서 늘 TV의 가요 프로에 여자 가수들이 나올 때마다 항상 목소리에 토를 달았다.

"저렇게 예쁜 얼굴에 웬 소몰이 목소리? 정말 깬다, 깨. 쟤는 목소리도 안 좋고 노래도 못 부르면서 어떻게 가수를 했대? 순 외모만 믿고 나온 거 아냐? 꺅! 쟤는 소리만 뺙뺙 질러대잖아. 아, 빨리 가요계에 데뷔를 하든가 해야지."

박경임은 어릴 적부터 가수가 되는 것이 꿈이었다. 그래서 초등학교 때부터 자기 관리가 아주 철저했다. 용돈을 아껴 팩을 사서 피부 관리를 했고 매일 밤마다 스트레칭과 줄넘기로 몸매도 가꾸었으며 우유를 매일 과량으로 마셔 키도 또래들보다 큰 편이었다. 무엇보다도 가수의 생명인 목소리를 위해 늘 아침마다 날계란을 먹었다.

"어제 TV 봤어? 우리랑 같은 나이인데 벌써 외국에 진출해서 성공한 여자 가수가 있다고 하잖아."

"그래, 별명이 걸어 다니는 1인 기업이라며? 좋겠다."

경임이네 반 학생들은 요즘 과학공화국에서 급부상하고 있는 여가수 보여에 대해 이야기가 한창이었다. 보여는 가요계에서 어리지만 대단한 가수로 칭찬 받고 있었다.

"보여가 뭐가 좋니? 흥, 그 아이도 곧 있으면 망할걸?"

"아니야, 저판공화국에서 최고의 인기라던데?"

"키도 작고 목소리는 허스키한 것이 그다지 좋지 못하더라. 적어도 여자 가수는 나처럼 키도 크고 목소리도 좋아야지."

경임이 자기 자랑을 하자 주변의 친구들은 어이없다는 듯 바라보았다. 그러나 경임은 대수롭지 않게 생각하고 계속 자기 자랑을 늘

어놓았다.

"곧 있어 봐. 이 박경임이 멋지게 데뷔해서 가요계를 뒤흔들 가수가 될 테니까. 미리 나한테 사인 받아 놔야 할 거야. 호호! 그럼 나는 이만 바빠서."

경임이 사라지자 친구들은 저마다 한마디씩 했다.

"경임이가 점점 착각이 심해지는 것 같지 않니?"

"어, 착각도 심하면 병이라던데. 쟤가 어딜 봐서 가수냐? 노래도 그다지 잘하는 것 같지도 않고 무엇보다 목소리가 감기 걸린 사람 저리 가라일 정도로 걸걸한데."

"놔둬라. 쟤 꿈이라잖아. 엄청 노력하는 것 같더라고."

"그래, 꿈은 이루어진다고 누군가가 그랬잖아."

경임은 친구들의 걱정에도 아랑곳하지 않고 가수가 되기 위해 오늘도 열심히 연습했다. 그런 경임을 위해서였는지는 모르겠지만 새로 생긴 기획사에서 가수 오디션을 한다는 광고가 떴다.

**'자신의 목소리를 눈으로 보게 해 주세요. – 눈소리 기획'**

"소리를 눈으로 보게 한다고? 소리는 들리는 거지, 어떻게 눈으로 본다는 거야? 말도 안 돼."

경임은 대수롭지 않게 생각하고 오디션장으로 갔다. 오디션장에는 두 명의 남자가 심사위원석에 앉아 있었다. 드디어 경임의 차례가 왔다. 경임은 목 마사지를 하고는 방으로 들어갔다. 경임은 심사위원에게 인사를 하고 조용히 물었다.

"어떤 노래를 할까요?"

그러자 심사위원 중 젊어 보이는 남자가 말했다.

"당신의 목소리를 우리에게 보여 주세요."

"소리를 어떻게 보여 줘요?"

"그럼 나가세요. 우리 눈소리 기획에서는 세계 최초로 소리를 시각화시키는 사업을 하고 있어요."

"말도 안 돼요. 소리는 듣는 거라고요."

경임은 강하게 항변해 보았지만 소용없는 일이었다. 결국 경임은 오디션도 받아 보지 못하고 집으로 돌아오게 되었는데 이에 화가 난 경임은 눈소리 기획사를 사기 혐의로 생물법정에 고소했다.

풍선, 가위, 원통형의 깡통, 고무 밴드, 테이프, 풀, 플래시,
은박지만 있으면 소리를 눈으로 볼 수 있어요. 소리의 파장을
이용하여 벽에 비친 사람 모형의 그림자가 흔들리는 정도를 보며
소리를 눈으로 보는 것이죠.

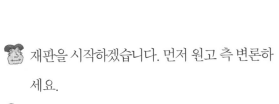

**소리를 정말 눈으로 볼 수 있을까요?**
생물법정에서 알아봅시다.

재판을 시작하겠습니다. 먼저 원고 측 변론하세요.

원고 박경임 양은 가수가 되기를 희망해 오디션에 지원했습니다. 오디션이 뭡니까? 소리를 듣는 거 아닌가요? 그런데 소리를 눈으로 볼 수 있게 한다니 그게 말이 됩니까? 그러므로 눈소리 기획사를 과학 사기죄로 처벌할 것을 주장합니다.

피고 측 변론하세요.

눈소리 기획사의 보여주 사장을 증인으로 요청합니다.

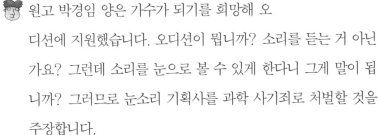

선글라스를 끼고 중절모를 쓴 50대의 남자가 증인석으로 들어왔다.

원고는 눈소리 기획사에서 소리를 눈으로 보게 하는 가수를 뽑는다고 했지요?

그렇습니다.

그게 가능합니까? 어떻게 하면 되죠?

🕵️ 풍선과 가위 그리고 원통형의 깡통, 고무 밴드, 테이프, 풀, 플래시, 은박지가 필요합니다.

🧑 어떻게 하는 거죠?

🕵️ 깡통의 양면을 제거하고 잘라 낸 부분에 테이프를 붙이고 풍선의 입구를 잘라 낸 다음 잡아당겨서 깡통에 씌우고 고무 밴드로 묶습니다. 그리고 풀이나 본드를 이용하여 은박지 조각을 사람 모양으로 잘라 풍선에 붙입니다. 그리고는 깡통을 탁자에 움직이지 않게 고정시킵니다.

🧑 그 다음에는 어떻게 하죠?

🕵️ 방을 어둡게 한 다음 플래시를 은박지에 비추어서 반사된 빛이 벽으로 향하게 합니다.

🧑 그리고는요?

🕵️ 깡통의 입구에 대고 소리를 내면 벽에 비친 사람의 모습이 흔들거리면서 춤을 추게 됩니다. 이때 소리의 크기가 커지면 춤이 더 격렬해지고 어떤 음을 내는가에 따라 춤추는 모습이 달라집니다.

🧑 정말 신기한 모습이군요. 판사님, 판결 부탁합니다.

🧑 소리를 귀로만 듣는 게 아니라 눈으로도 볼 수 있다는 걸 처음 알았습니다. 눈소리 기획사에서는 소리를 눈으로 볼 수 있는 방법을 제시했으므로 박경임 양의 주장처럼 사기는 아니라고 판결합니다.

판결 후 박경임은 눈소리 기획사의 오디션을 다시 보았지만 오디션에 탈락했다. 이에 충격 받은 박경임은 가수의 꿈을 바꿔 열심히 노력한 결과 마침내 개그우먼으로 데뷔할 수 있었다.

 **중간 매개체를 타고 전달되는 소리**

옛날에는 소식을 전하기 위해 말을 타고, 전달하고 또 전달했다고 한다. 소리에도 마찬가지로 전달 매개체가 있다. 우리 주변에는 눈에 보이지는 않지만 공기가 존재한다. 우리가 목에서 또는 다른 방법으로 소리를 만들면, 이 소리는 소리를 내는 가장 가까운 공기를 진동시키고, 이 진동된 공기는 또 옆에 있는 공기를 진동시켜서 소리가 전달되는 것이다. 밀폐된 방에서 노래를 부르면 소리의 크기에 따라 풍선에 매달려 있는 인형이 춤을 추는 다양한 모습을 볼 수 있다. 이것도 공기의 진동에 의한 소리의 전달을 확인하는 좋은 예이다.

# 이어폰 때문에

왜 이어폰으로 음악을 크게 들으면 청각이 나빠질까요?

감수성이 예민한 사춘기인 고전미는 아이돌 스타에 열광하는 또래 친구들과는 달리 피아노 음악에 열광했다. 그래서 친구들 사이에서 고전미는 '신동(신기한 동물)'으로 통했다.

"신동! 여기 너의 오빠님 사진이다. 어제 우리 오빠들 때문에 잡지 샀더니 그 안에 이 기사가 있던데?"

"꺅, 이루지다! 피아노에 비친 모습, 너무 멋져!"

"피아노 치는 남자가 멋있어 보이긴 하지. 어쨌든 너도 우리 오빠들 자료 생기면 나한테 넘겨. 알았지?"

"두말하면 입 아프지. 당연히…… 아무튼 고마워!"

고전미는 친구에게서 사진을 받은 뒤 싱글벙글 기분이 좋았다. 아이돌 스타와는 달리 뉴에이지나 클래식 음악을 하는 사람들의 자료는 얼마 없어서 그들의 자료는 그야말로 보석과도 같은 존재였다.

"아, 심심해. 너 뭐 들어?"

"응, 요키 굴모토라고 피아노 음악가 앨범. 이번에 새 앨범 나온다던데 기대된다."

"나 그거 점심시간에 빌려 줘."

"들어 봐, 얼마나 좋은데!"

"아니, 좋은 건 상관없고 잠만 자게 하면 돼. 잠자기 딱 좋은 음악이네."

"어머머, 너 그러면 섭섭하다. 피아노 곡이 얼마나 좋은데!"

고전미는 친구들이 자신이 좋아하는 피아노 음악을 단지 잠자기 좋은 음악으로 취급하는 게 싫었다. 고전미의 눈에는 오히려 그런 친구들이 이해되지 않았다.

"흥, 만날 똑같은 사랑 타령이나 하고 정신 시끄러운 음악이 뭐가 좋다고! 차라리 조용하고 명상하기 좋은 피아노 음악이 딱이지."

고전미는 다시 피아노 음악을 들으면서 기분이 좋아졌다. 그리고 부모님 몰래 무려 네 시간 넘게 걸리는 곳에서 열렸던 요키 굴모토 콘서트에 갔던 기억이 났다. 그때의 감동이 다시 되살아나려는 순간 최신형이 고전미를 툭툭 치며 말했다.

"음악 감상하는데 왜 방해하는 거야?"

"미안, 미안! 오늘 수업 끝나고 특별한 일 없지?"

"어, 왜? 또 공연장 가자거나 그러진 않겠지?"

"아니, 오늘 우리 울트라키드 오빠들 앨범 나오는 날이잖아. 그래서 같이 가자고."

"어차피 나도 음반 사러 갈까 했는데 잘됐네."

수업이 끝난 후 고전미와 최신형은 학교 근처의 음반 가게로 갔다. 이미 음반 가게 앞은 울트라키드 앨범을 사려는 여학생들로 바글바글했다.

"사람 무진장 많네. 울트라키드가 뭐가 좋아서 저렇게 난리야?"

"너! 그런 소리 하지 마. 울트라키드 오빠들이 얼마나 멋진데! 그런 말 함부로 하면 우리 팬들이 가만 두지 않을지도 몰라."

"알았다, 알았어."

둘은 여학생들을 비집고 들어갔다. 최신형은 울트라키드 앨범을 받기 위해 줄을 섰고 고전미는 피아노 음반 쪽에 서서 요키 굴모토 앨범을 집어 들고 계산대로 갔다. 그러자 음반 가게 주인은 아는 체를 하며 고전미에게 말을 건넸다.

"어머, 요키 굴모토! 언니, 센스 있으시네? 나도 요키 굴모토의 음악을 얼마나 좋아한다고. 사람들은 왜 이런 좋은 음악을 알아주지 않는지 몰라."

"그렇죠? 정신 사나운 음악보다 이런 피아노 음악이 얼마나 좋은데!"

"호호, 그러게요."

고전미는 음반을 계산하고 돌아서는 순간 이어폰 한쪽이 들리지 않았다.

"에이, 이 싸구려 이어폰. 사용한 지 얼마나 됐다고 벌써 한쪽이 나가냐? 모처럼 새 앨범도 사서 즐거웠는데 기분 망쳤어."

고전미는 어쩔 수 없이 새 이어폰을 사려고 요리조리 따져 봤지만 그게 그것 같아 도저히 선택할 수 없어 결국 또 제일 싼 걸로 골랐다.

"어머, 언니! 이런 명곡을 들으려면 좋은 이어폰으로 들어야지. 여기 신제품이 있는데 음악이 빵빵하게 잘 나온다니까."

음반 가게 주인은 한 이어폰을 추천해 주며 크게 들어야 제 맛이라며 호들갑을 떨었다. 고전미는 음반 가게 주인 말에 떠밀려 그 이어폰을 사게 되었다.

"음, 이어폰 좋은데요? 역시 비싼 건 비싼 값을 하네요."

고전미는 자신이 듣던 대로 볼륨을 조절하고 가려는데 가게 주인이 다시 고전미를 잡고 말했다.

"잠시만, 언니는 너무 작게 듣는다."

"네? 뭐가요? 전 이 정도로 듣는데……."

"좋은 음악일수록 크게 들어야지. 다른 소리가 안 들리도록 볼륨을 크게 들어요."

"그러면 귀가 아프잖아요."

"에이, 피아노 음악 크게 듣는 정도야 아무렇지도 않아요. 이 정도면 딱이겠네."

고전미는 가게 주인이 맞춰 준 볼륨대로 들었더니 소리가 너무 커서 귀가 아팠다. 하지만 계속 들으니 어느 정도 들을 만했다. 그날부터 고전미는 매일, 심지어 잘 때에도 음악을 들었다. 그런데 어느 날부터인가 고전미의 귀가 이상해졌다.

"야, 무슨 소리 안 들려?"

"응? 아무 소리 안 나는데, 왜?"

"어디선가 삐 하는 소리가 들리잖아."

"엥? 그런 소리 안 나는데? 뭐 잘못 들은 거 아냐?"

고전미는 이상하다는 생각이 들었지만 대수롭지 않게 여겼다. 그러나 이상한 소리는 계속 들렸고 이제는 작은 소리도 잘 들리지 않았다. 그래서 고전미는 이비인후과 병원을 찾았다.

"선생님, 언제부터인지 이상하게 '삐' 하는 소리가 들리고요, 친구들이 작게 이야기하면 아예 안 들려요."

"평소에 이어폰으로 음악 듣는 것을 좋아하나요?"

"네, 요즘은 주위 소리가 안 들리게 일부러 음악을 크게 해 놓고 거의 매일 들었어요."

의사는 고전미의 귀를 진찰하더니 심각하게 말했다.

"소음성 난청이네요. 이어폰으로 음악을 크게 계속 들으면 청각이 나빠져요."

"고칠 수 있는 거죠?"

"회복하기는 힘들겠네요. 앞으로 음악을 크게 듣지 말고 정기적으로 병원을 찾아오세요."

고전미는 정기적으로 병원을 다녔고 그 때문에 병원비가 너무 많이 들었다. 청각이 나빠진 이후 일상생활도 조금 어려워졌고 무엇보다도 음악을 들을 수 없다는 게 너무 힘들었다. 이게 다 가게 주인 때문이라고 생각한 고전미는 가게 주인을 찾아갔다.

"어서 오세요, 오늘은 무슨 피아노 앨범을 찾으려고?"

"제 병원비 물어내요."

가게 주인은 난데없는 요구에 화들짝 놀라며 고전미를 아래위로 훑어보더니 말했다.

"사지 멀쩡한데 갑자기 웬 병원비? 이 언니가 뭘 잘못 먹었나?"

"여기서 이어폰을 사 간 이후에 귀가 나빠졌다고요. 한 번 나빠지면 다시 회복하기 힘들다고 계속 병원 다니라고 하더군요. 이게 다 음악을 크게 들어서 그렇다고 했어요. 그때 나보고 음악 크게 들으라고 한 사람이 누구였죠?"

"어머머, 생사람 잡겠네. 난 그런 말 안 했어요."

고전미는 발뺌하는 가게 주인이 괘씸해서 더 화가 났다.

"참 내, 분명 그랬잖아요! 내가 볼륨 작게 하니까 피아노 음악은 크게 들어야 한다고 했었잖아요."

"아차, 내가 그랬었지. 하지만 계속 크게 들은 건 언니지. 내가 무슨 잘못이 있다고. 별꼴이야."

가게 주인은 기분 나쁜 표정으로 고전미를 노려봤고 고전미는 마지막 협박을 했다.

"병원비 대 주지 않으면 불매 운동을 벌이겠어요."

"흥! 맘대로 하세요. 그런다고 내가 겁낼 줄 알고?"

마지막 협박도 먹히지 않아서 더 화가 난 고전미는 음반 가게 주인을 생물법정에 고소했다.

얇은 막의 고막은 소리가 다가오면 진동을 통해 자극을 전달합니다.
그러면 청소골이 난원창을 통해 달팽이관으로 진동을 보내고,
소리를 감지한 청세포가 청신경을 통해 대뇌로 전달하게 됩니다.

**이어폰으로 음악을 크게 들으면 왜 안 좋을까요?**
생물법정에서 알아봅시다.

 피고 측 변론하세요.

요즘 이어폰으로 음악을 듣는 사람들이 많습니다. 만약 이어폰 때문에 귀에 이상이 온다면 그 많은 사람들은 전부 귀에 이상이 와야 하지 않겠습니까? 원고인 고전미 양의 귀에 이상이 온 것은 다른 원인이 있을 것입니다.

원고 측 변론하세요.

피고 측의 변론처럼 이어폰으로 음악을 듣는 사람이 부쩍 늘고 있습니다. 그런데 부쩍 늘어난 사람만큼이나 귀가 이상하다고 호소하는 환자들도 늘고 있는 추세입니다. 이비인후과 전문의 후비세 씨를 증인으로 요청합니다.

두 손 가득 면봉을 쥐고 흰 가운을 입은 후비세 씨가 증인석에 앉았다.

우리 귀는 어떻게 소리를 듣지요?

소리가 귓바퀴를 통해 모아져서 고막을 울립니다. 고막은 얇은

막으로서 소리가 가까이 다가오면 진동을 통해 자극을 전달하죠. 이 진동을 느낀 청소골은 고막이 보낸 진동을 더 크게 하여 난원창을 통해 달팽이관으로 보냅니다. 달팽이관 안에는 소리를 감지하는 청세포가 있어요. 소리를 감지한 청세포는 청신경을 통해 대뇌로 전달합니다.

귀는 얼마나 많은 소리를 구별할 수 있나요?

정상적인 귀는 40만 가지의 소리를 구별합니다.

그러나 요즘 소리 분별 능력이 점점 떨어진다고 하는데요.

네, 소리가 잘 안 들리거나 분별 능력이 떨어지면 '난청'이라고 말합니다.

난청의 증상은 어떤 것이죠?

대화 도중 상대에게 무슨 소리인지 다시 되묻거나, 여러 사람과 TV 시청 중에 소리가 작다며 볼륨을 자꾸 높이려고 할 때, 삐 등의 귀울림 증상이 있을 때, 상대의 발음이 웅얼거림으로 들릴 때 난청을 의심해 봐야 합니다.

난청은 왜 생기는 것이죠?

소음을 장기적으로 들을 경우 생깁니다. 큰 소리가 계속 진동하면서 달팽이관을 망가뜨리게 되는 것이죠.

요즘 젊은이들도 난청이 많아지고 있다는데 사실입니까?

네, 사실입니다. 어릴 적부터 노래방이나 각종 오락기기 같은 전자음에 익숙한 청소년들이 늘어나고 이어폰으로 음악을 크게 듣는 경우가 많아졌기 때문입니다.

이어폰은 왜 안 좋죠?

이어폰을 끼게 되면 외부 공기를 차단해 귓속 압력을 높이고 그 충격이 바로 고막으로 이어지기 때문입니다. 특히 지하철 등 소음이 심한 곳에는 음악이 잘 안 들리기 때문에 더 크게 들으려고 볼륨을 올리게 됩니다. 그러면 더 위험해지죠.

난청을 고칠 수 있는 방법이 있습니까?

뚜렷한 치료 방법은 없습니다. 한 번 잃은 청각은 다시 회복하기 힘들기 때문입니다. 그렇기 때문에 난청 초기가 의심되면 강한 소리와의 접촉을 피하고 필요한 경우 소음 차단 기구를 사용하는 수밖에 없습니다. 그리고 정기적으로 청각 검사를 받아야 하고요.

난청은 소음을 지속적으로 들었을 때 소리를 감지하는 달팽이관이 서서히 망가지면서 생기는 병입니다. 한 번 잃은 청각은 다시 회복하기 어렵기 때문에 철저한 예방이 필요합니다. 이어폰은 특히 요즘 젊은이들이 겪는 난청의 주요 원인으로 꼽히고 있습니다.

이어폰으로 소리를 크게 해서 오랫동안 들으면 난청이 되기 쉽습니다. 그래서 세심한 주의가 필요한데 원고인 고전미 양에게 이어폰으로 음악을 크게 들을 것을 권유한 음반 가게 주인에게도 잘못이 있지만 귀가 아플 정도면 음악을 줄여서 들어야 하

는데 끝까지 들은 고전미 양에게도 잘못이 있습니다. 따라서 고전미 양은 지금부터라도 이어폰 사용을 자제하고 병원비는 각각 절반씩 지불하십시오.

판결 후 고전미는 이어폰 사용을 자제하고 음악이 듣고 싶을 때는 스피커를 통해 적절한 볼륨으로 들었다.

## 감각 기관

우리 얼굴에는 눈, 코, 입, 귀가 있습니다. 이들은 피부로 덮여 있고요. 이들 중 어느 하나라도 없으면 매우 불편할 것입니다. 그러나 여기서 또 하나의 궁금증이 생깁니다. 우리는 어떻게 물체를 볼 수 있고, 즐거운 음악을 들을 수 있으며 향기로운 꽃의 향기를 맡고 음식의 맛을 알 수 있을까요?

우리는 외부에서 들어오는 여러 가지 자극에 대해 반응을 합니다. 이때 자극을 받아들이는 부위를 수용기라고 하고 각각의 자극을 받아들이는 곳을 감각 기관이라고 합니다. 대표적인 감각 기관에 대해 알아봅시다.

## 눈 이야기

'몸이 천 냥이라면 눈은 9백 냥'이라는 옛말이 있습니다. 그만큼 눈은 우리 몸에서 중요한 역할을 하는 기관이죠. 눈이 받아들이는 자극은 '빛'입니다. 우리가 물체를 볼 수 있는 것도 물체에 반사된 빛이 눈에 들어오기 때문이죠. 우리의 눈은 흔히 카메라에 비유됩니다. 카메라의 각 부위 기능과 눈의 각 부위 기능이 비슷하기 때문이죠.

일례로 꽃을 본다고 생각해 봅시다. 꽃에서 반사된 빛은 각막을 통과하여 수정체로 갑니다. 수정체는 카메라의 렌즈와 같은 역할로 빛을 굴절시켜 망막에 상이 맺히게 해 줍니다. 이때 빛이 강하면 동공을 작게, 빛이 적으면 동공을 크게 하는데 동공을 조절하는 것은 홍채랍니다. 빛은 수정체를 통과하여 투명한 액체로 가득 차 눈의 형태를 유지하는 유리체를 지나 카메라의 필름과 같은 망막에 상이 맺힙니다. 망막에는 시세포가 있어 상이 맺힌 빛을 감지하고 그 자극을 시신경을 통해 대뇌로 보내게 되고, 대뇌에서는 꽃을 본다고 인지하게 됩니다.

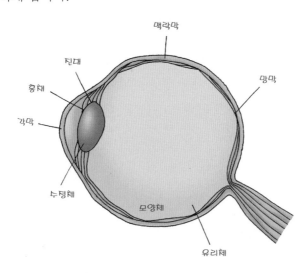

## 코 이야기

세상의 모든 냄새를 맡는 코, 코는 여러 감각 기관 중에서 가장 예민해서 쉽게 지치는 기관입니다. 한 예로 화장실에 들어갔을 때 악취로 고통스럽다가도 금세 악취가 안 나는 것같이 느끼는 거죠.

우리의 코는 보통 4천~1만 가지 정도의 냄새를 구별할 수 있다고 합니다. 일반적으로 여자가 남자보다 후각이 더 정확하고 나이가 들수록 약한 냄새는 더 맡기 힘들어진답니다.

우리는 흔히 냄새를 잘 맡는 사람을 '개코'라고 하는데 개는 얼마나 냄새를 잘 맡을까요? 개가 냄새를 맡는 능력은 사람보다 무려 1백만 배나 높다고 합니다. 그 이유는 사람보다 냄새를 감지할 수 있는 후세포가 월등히 많기 때문이죠. 코는 단순히 냄새를 맡는 것이 아닙니다. 사람의 감정에 가장 영향을 많이 끼치는 것도 후각이고 음식을 맛있다고 느낄 수 있는 것도 다 후각 덕이지요.

## 귀 이야기

귀는 소리를 듣는 기관입니다. 소리가 음파라는 건 아시겠죠? 사람이 들을 수 있는 소리의 주파수는 16~2만 헤르츠랍니다.

그러나 귀는 소리뿐만 아니라 귀 안팎의 압력 조절, 몸의 평형 조절을 한답니다. 귀는 고막 바깥을 외이, 고막 · 청소골 · 유스타키오관이 있는 곳을 중이, 달팽이관 · 전정 기관 · 세반고리관이 있는 곳을 내이라고 합니다. 소리를 듣는 곳은 고막, 청소골, 달팽이관이고 평형감각은 세반고리관과 전정 기관, 귀 내의 압력을 조절하는 곳은 유스타키오관이지요.

## 혀 이야기

혀는 약 10센티미터의 근육으로 되어 있으며 맛을 감지하는 기관입니다. 소화 기관 중 맨 앞에 있어서 맛을 느끼고 이것을 먹을 것인지 안 먹을 것인지 판단하는 기준이 되지요. 그래서 우리는 맛있는 음식은 계속 먹게 되고 맛이 이상한 음식이나 상한 음식은 입에 넣다가 뱉어 버립니다.

혀는 맛을 느끼는 것 외에 음식물과 침이 잘 섞여 목구멍으로 밀어 넣어 주는 역할을 하고 말을 할 때 발음이 되는 데 중요한 역할을 한답니다. 만약 혀가 없다면 우리는 음식 먹기도 힘들고 말하기도 힘들었을 거예요.

## 피부 이야기

우리의 피부는 접촉이나 압력, 화학 물질, 온도 변화 등을 느끼는 등 여러 가지 일을 하지요. 피부에는 촉각을 느끼는 촉점, 압력을 느끼는 압점, 여러 가지 통증을 느끼는 통점, 온도 변화를 감지하는 온점과 냉점 등 감각점이 존재합니다. 이 감각점은 피부에서의 위치, 생김새, 분포도가 제각각입니다. 그러면 감각점 중에서 어떤 점이 가장 많이 분포할까요? 바로 통점이 가장 많은데 그 이유는 우리 몸의 손상을 막기 위해서지요. 실제로 압력이 세거나 온도 변화가 심할 때에도 통각으로 느낀답니다.

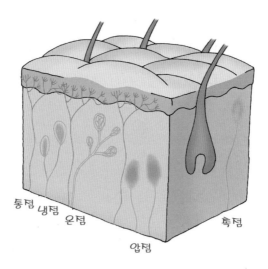

# 신경과 소화 기관에 관한 사건

교감 신경과 소화 – 화가 나면 소화가 안 된다?

배변의 신호 – 참는 것은 정신력?

간지럼 – 간지럼 극복하기

# 화가 나면 소화가 안 된다?

화가 난 상태에서 밥을 먹으면 체한다는 게 사실일까요?

올해 스물세 살인 한진지는 특이한 외모와 성향 때문에 항상 사람들의 이야기 소재로 입방아에 올랐다. 까만색 뿔테 안경에 아무렇게나 늘어뜨린 긴 생머리, 밋밋한 흰 블라우스에 살랑거리는 긴 치마, 그리고 한쪽 손에 꼭 들려 있는 어려운 철학책은 그녀의 상징이었다.

"야야, 저기 지나간다. 오늘도 저 벤치에 앉았어."

"정말이네. 늘 이 시간에 나와."

"저 여자, 수녀 지망생이었다며?"

"그래? 난 다른 이야기 들었는데. 내 친구의 누나의 친구였나?

아무튼 같은 고등학교 선배였는데 엄청난 천재로 소문났었대. 그런데 잠깐 정신 병원에 입원했다던가? 그렇다고 하더라."

"역시 너무 머리가 좋으면 자기 머리에 못 이겨 정신이 나간다는게 맞는 것 같아."

"그러게, 인생이 불쌍하다."

이렇게 사람들은 한진지에 관한 온갖 소문을 만들고 다녔지만 사실 한진지는 이름처럼 단지 진지하게 인생을 사는 것뿐이었다.

"진지야, 오늘도 여기 있네."

"응, 난 여기가 제일 좋아. 유일하게 햇볕을 쬐면서 광합성을 할수 있는 벤치잖아."

"하긴, 다른 벤치는 그늘져서 춥긴 하지. 오늘 수업도 끝났는데뭐할 거야?"

"글쎄다."

"영화나 보러 가자. 〈2번가의 절망〉 개봉했다더라."

"난 코믹은 남는 게 없어서 싫어."

"그건 뭐 다른 사람들이랑 보지, 뭐. 그럼 〈천사는 로이비통을 입는다〉 보러 가자. 이건 싫다고 하진 않겠지? 너 책으로도 봤잖아."

"좋아! 그거 보자."

고사랑과 한진지는 영화관으로 향했다. 영화관으로 가는 내내 고사랑은 많은 남자들과 인사를 했고 한진지는 옆에서 조용히 있을 뿐이었다.

"넌 정말 아는 사람이 많구나."

"그럼, 내가 얼마나 인기가 많은데. 아, 너 이참에 소개팅해라. 내가 주선해 줄게."

"싫어. 난 그런 인위적인 만남은 싫어."

"에이, 무슨 고리타분한 소리야? 너의 운명이 내가 소개팅시켜 준 남자 중에 있을지 누가 알아?"

"어쨌든 싫어."

"알았어. 넌 언제까지 운명 타령만 할 거니? 에구구! 좋은 청춘 다 날아가겠네."

"자꾸 놀릴래?"

"미안, 미안!"

두 사람은 〈천사는 로이비통을 입는다〉를 관람했다. 평소 패션에 관심이 많았던 고사랑은 거의 흥분 상태에 이르렀고 한진지는 덤덤하게 보았다.

"아, 정말 멋졌어! 나도 패션쇼 가고 싶다. 맞다, 나 어제 헤어 미용 기구 세트 샀는데 일요일에 놀러와. 내가 머리 해 줄게."

"저번처럼 또 망쳐서 머리 자르게 하려고?"

"아니야, 내가 어제 해 봤는데 예술이더라! 꼭 와야 해. 안 오면 미워할 거야."

"알았어."

머리를 해 주겠다는 명목으로 한진지를 부르기는 했지만 고사랑은 딴 속셈이 있었다. 바로 한진지에게 소개팅을 주선하기 위해서였다. 상대는 유머러스한 성격인 윤세유.

"세유니? 나 사랑이. 그래, 소개팅할 여자 찾았어. 소개팅 노래를 부르더니만 드디어 하게 되네. 그런데 내 친구는 무진장 진지하니까 네가 웃겨 줘야 해. 난 너만 믿는다."

전화를 끊고 사랑은 배시시 웃음이 나왔다. 왠지 그 사람이라면 한진지의 얼굴에 미소를 짓게 해 주지 않을까 하는 기대감이 들었다.

대망의 일요일, 사랑은 진지의 머리에 웨이브를 넣어 주고 화장도 해 주었다.

"진지야, 오늘은 내 옷 입고 가자."

"웨이브에 화장에 이젠 옷까지? 갑자기 너 왜 그래?"

"봄처녀 기분 좀 내 보려고 한다, 왜? 위는 화려한데 옷은 수수해서 어디 되겠니? 그리고 우린 눈 도수도 같으니까 내 일회용 렌즈도 줄게."

한진지는 아무것도 모르고 얼떨떨한 상태에서 고사랑이 하자는 대로 했다. 잠시 후 거울 속에는 전혀 딴 사람이 서 있었다.

"와, 예쁘다! 전혀 딴 사람 같아. 그러게 진작 꾸미고 다니지."

"귀찮을 뿐이야. 이 화장은 언제 다 지워?"

"귀찮으면 내가 지워 줄게. 별 걱정을 다 하서. 어쨌든 나가자."

고사랑은 매우 신이 났다. 오늘 따라 봄꽃들이 화사하게 펴서 기분이 더 좋아졌다. 둘은 한 카페에 들어갔고 창가 쪽 테이블에 앉았다. 창가 앞에는 꽃다발을 든 세유가 서 있었다.

"와, 저 남자 괜찮지 않아?"

고사랑은 전혀 모르는 사람이라는 듯 천연덕스럽게 말했다.

"뭐, 저 정도면 준수하네."

"정말이지? 나 잠깐 화장실 다녀올게."

고사랑은 화장실에 가서 세유에게 전화를 걸었고 세유는 카페 안으로 들어왔다. 그리고 한진지 앞에 앉았다.

"안녕하세요? 전 윤세유라고 합니다. 실례지만 그쪽 성함이?"

"아…… 예? 전 한진지라고 하는데요."

"네, 이건 제 선물입니다."

"왜 저한테?"

그때 갑자기 한진지의 핸드폰이 울렸다.

"진지야, 나 용서해 주라. 너 소개팅시켜 주려고 일부러 나온 거야. 난 간다. 잘해 봐!"

"야, 고사랑!"

진지는 곤란해졌다. 카페를 나가자니 사랑이 체면이 뭐가 되겠나 싶고 이렇게 앉아 있자니 기분이 영 껄끄러웠기 때문이다.

"점심 안 드셨죠? 여기 카레라이스가 참 맛있어요. 좋아하세요?"

"싫어하지는 않아요."

"다행이네요. 여기요, 카레 두 개요. 원래 조용하신가 봐요."

"네, 주로 말을 듣는 편이라서요."

한진지는 윤세유의 눈빛이 부담스러웠고 계속 입이 타 물을 마셨다.

"나이도 같은데 말 놔도 되지? 아까부터 계속 물만 마시네. 호감 있는 사람 앞에서는 무의식중에 물 마신다는데, 너 내가 맘에 드나 보네. 하하! 농담이야."

어느새 매너 좋은 세유는 온데간데없고 계속 진지에게 딴죽을 거는 세유가 앉아 있었다. 이를테면 이런 식이다.

"넌 컵을 이상하게 드네. 너같이 드는 애는 처음 본다."

"매일 같은 벤치에 앉아 있다고? 광합성? 와하하! 세상에 어떻게 사람이 광합성을 하니?"

"클래식을 좋아한다고? 에이, 그런 고리타분한 음악보다는 록이 최고지. 언제 록 콘서트 보러 가자."

"네 다리 굵네. 진정한 조선무다. 하하! 난 매끈한데 부럽지?"

이렇게 진지를 자극시키는 말만 골라서 했다. 점점 진지는 기분이 나빠져 화가 날 지경이었다. 그러던 중 카레라이스가 나오고 카레라이스라도 빨리 먹고 가야겠다는 생각에 진지는 조금 빠르게 음식을 먹기 시작했다.

"넌 되게 빨리 먹네. 난 좀 느리게 먹는데. 그럼 넌 토끼고 난 거북이네?"

진지는 대꾸조차 하지 않았다. 그러나 진지의 마음을 알 턱이 없는 세유는 계속 장난을 쳤다.

"너 정말 빨리 먹는다. 혹시 집에서 커다란 그릇에 비빔밥해서 우걱우걱 먹는 거 아냐? 야, 말 좀 해 봐. 내가 답답하다."

"밥이나 먹어!"

한진지는 더 이상 참지 못하고 화를 냈다. 세유는 깜짝 놀라 당황하기 시작했다.

"아니, 내가 농담한 건데 기분 나빴어?"

"그래, 기분 나빴어. 내가 사랑이 봐서 참으려고 했는데 더 이상 못 참겠어. 미안하지만 나 이만 집에 갈게. 네 덕에 참 즐거운 마음으로 집에 간다. 그럼 안녕!"

진지는 잔뜩 화가 난 얼굴로 집으로 돌아갔다. 그런데 아까부터 계속 속이 쿡쿡 쑤셨다.

"오늘 즐거운 시간 보냈지? 세유 어때? 괜찮지?"

"너 왜 쓸데없는 짓을 한 거야?"

"왜? 안 좋았어?"

"안 좋은 정도가 아니라 최악이었어. 아, 그런데 내 배가 아까부터 아프네."

"괜찮아? 갑자기 배탈이라도 난 거야?"

"몰라. 아, 악!"

결국 한진지는 응급실에 실려 갔다. 원인은 급체였다. 진지의 소식을 들은 세유가 달려왔다.

"무슨 일이야? 진지가 갑자기 쓰러졌다니!"

"갑자기 체해서 그런 거래. 그런데 무슨 일 있었던 거야?"

"아니, 갑자기 화를 내더라고. 나도 황당해서 원. 조금 장난쳤더 니 바로 화를 내면서 나가더라고."

"그게 조금 장난친 거야?"

치료를 받고 힘이 없는 진지가 세유를 잔뜩 노려보며 말했다.

"누구 때문에 이렇게 아픈 건데. 너 밥 먹을 때 사람 화나게 하면 소화 못 시킨다는 거 알긴 알아?"

"그럼 나 때문에 아프다는 거야? 말도 안 돼. 화를 낸 건 너였잖아."

"누구 때문에 화난 건데?"

"장난 좀 친 거 가지고 뭘 그래?"

"난 죽을 뻔했어! 너 병원비 물어내. 너 때문에 이렇게 된 거잖아."

"내가 왜? 화낸 것도 아픈 것도 너잖아. 난 절대 못 줘."

세유의 태도에 화가 난 진지는 생물법정에 고소했다.

화가 나면 스트레스를 받기 때문에 교감 신경이 활발해집니다.
소화 기관은 교감 신경의 영향을 받아 소화력이 억제됩니다.

여기는 생물법정

화가 나면 소화가 잘 되지 않는
이유는 무엇일까요?
생물법정에서 알아봅시다.

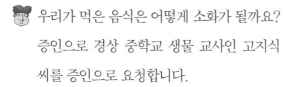

피고 측 변론하세요.

우리가 먹은 음식은 어떻게 소화가 될까요?
증인으로 경상 중학교 생물 교사인 고지식
씨를 증인으로 요청합니다.

뿔테 안경을 쓰고 너저분한 옷을 입은 중년 남성이 긴
장한 표정으로 증인석에 앉았다.

우리는 왜 음식을 먹나요?

음식 속에 있는 필요한 영양소를 얻기 위해서입니다.

하지만 음식은 종류도 다양하고 큰데 그 속의 영양소를 어떻
게 얻습니까?

소화라는 과정으로 음식물을 우리 몸속에서 쓸 수 있을 정도로
잘게 부셔서 사용합니다.

소화는 어떻게 되죠?

소화 기관을 통해서 됩니다. 우리가 먹은 음식은 입 → 식도 →
위 → 십이지장 → 소장 → 대장 순으로 거쳐 갑니다. 음식은

각 단계에서 소화 효소라는 것에 의해 잘게 부서져 우리 몸에 이용할 수 있는 영양소로 만들어지고 소화 기관은 이것을 흡수하죠.

소화를 잘 시키지 못하는 사람은 왜 그런 것이죠?

아마 소화 효소가 잘 분비되지 않아 소화 능력이 떨어지거나 소화 기관의 운동에 이상이 생겨 그럴 것입니다.

말씀 감사합니다. 음식은 소화 기관을 통해 소화되어 우리 몸의 필요한 영양분을 얻고 만약 소화를 돕는 소화 효소가 잘 분비되지 않거나 소화 기관의 운동에 이상이 있을 때 소화가 잘 되지 않는 것입니다. 따라서 단순히 화가 났다고 해서 소화가 잘 안 된다고 하기엔 무리가 있습니다.

원고 측 변론하세요.

소화를 할 때 소화 효소나 소화 기관 운동이 어떤지에 따라 소화 정도가 달라질 수 있습니다. 그러나 소화를 조절하는 것은 무엇일까요? 내과 전문의인 명의사 씨를 증인으로 요청합니다.

날카로운 인상에 하얀 가운을 입고 청진기를 목에 건  명의사가 증인석에 앉았다.

소화가 잘 안 되는 이유가 무엇입니까?

앞의 증인께서 말씀하신 것과 같은 원인도 있지만 그게 전부는

아닙니다. 왜냐하면 소화 효소는 자율 신경계의 영향을 받기
때문입니다.

자율 신경계는 무엇이지요?

뇌나 척수 같은 중추 신경계와는 달리 온몸에 퍼져 있는 신경들
을 말초 신경계라고 합니다. 그중 뇌의 명령을 받지 않는 신경
계를 자율 신경계라고 하지요. 이 자율 신경계는 소화, 호흡, 땀
등을 조절합니다. 자율 신경계에는 교감 신경과 부교감 신경이
있는데 이 둘은 서로 반대로 작용하고 한쪽이 활발해지면 다른
한쪽이 억제되는 길항 작용을 하여 우리 몸을 조절합니다.

교감 신경과 부교감 신경은 소화 기관에 어떤 영향을 미치지요?

교감 신경이 활발해질 경우 소화 효소가 잘 나오지 않고 운동
도 억제됩니다. 반면에 부교감 신경이 활발해질 경우 소화 효
소가 잘 나오고 운동도 활발해지죠.

교감 신경은 어떤 때에 활발해지나요?

몸을 많이 움직이거나, 공포 상황에 처해 스트레스가 많아지면
활발해집니다.

화가 났을 때에도 교감 신경이 활발해지겠군요?

그렇습니다. 화가 나면 스트레스를 받기 때문에 교감 신경이
활발해집니다.

원고인 한진지 씨는 음식을 먹던 중 윤세유 씨 때문에 화가 났
고 따라서 교감 신경이 활발해져 소화 효소가 분비되지 않았고

운동도 잘 되지 않아 결국 소화 불량을 일으킨 것입니다. 그러므로 윤세유 씨는 한진지 씨의 소화 불량에 대해 책임을 져야 할 것입니다.

소화 기관은 교감 신경의 영향을 받으면 소화력이 억제됩니다. 한진지 씨는 윤세유 씨의 말 때문에 화가 나 교감 신경이 활발하게 되었고 소화 불량까지 가게 된 것입니다. 그러나 한진지 씨의 성격을 제대로 파악 못하고 화를 나게 한 윤세유 씨에게도 잘못이 있지만 농담을 싫어한다고 확실히 밝히지 않고 꾹 참다가 화를 낸 한진지 씨에게도 어느 정도 책임이 있습니다. 따라서 서로 조금씩 양보하여 해결하시기 바랍니다.

판결 후 윤세유는 한진지에게 미안하다고 진지하게 사과했고 한진지도 윤세유의 진심을 받아들였다. 그 후 윤세유는 농담을 자제했고 한진지는 윤세유의 성격을 이해하려고 노력하여 둘은 서로 좋은 친구가 되었다.

 자율 신경계

자율 신경계는 뇌나 척수에서 나와 내장이나 혈관에 분포한다. 이 신경계는 대뇌의 영향을 받지 않고 생명 유지에 필요한 기능을 자율적으로 조절하는데 교감 신경과 부교감 신경으로 이루어져 있다.

# 참는 것은 정신력?

참을 수 없는 배변의 고통, 피할 방법은 없을까요?

"야호, 신난다. 얼마나 즐거울까?"

"거기 수영장도 있대. 프로그램도 재밌을 것 같고, 기대된다."

처음으로 수련회를 가게 된 화국 초등학교의 천방지축 학생들은 수련회가 얼마나 재밌을까 하고 잔뜩 기대에 부풀었다. 수영장에서 수영하기, 캠프파이어, 산행 경주 등 초등학생들이 보기에 혹할 정도로 즐거운 프로그램이 가득했기 때문이다.

"학생들은 반별로 두 줄씩 서서 각 교관들을 따라가 주시기 바랍니다."

수련장에 도착한 학생들은 즐거운 마음에 교관들을 따라 운동장으로 향했다. 운동장에 모두 모이자 한 교관이 험상궂은 표정으로 소리를 질렀다.

"조용! 여기는 정신 단련을 하는 곳이지 놀러온 곳이 아닙니다. 자, 박수 한 번 하면 쉿! 박수 두 번 하면 화국! 박수 세 번 하면 감사합니다! 알겠습니까?"

"네."

"목소리가 작습니다. 다시 한 번 알겠습니까?"

"네!"

"목소리가 교관보다 작습니다. 모두 어깨동무하십시오. 어깨동무! 앉으면서 '목소리', 일어서면서 '크게', 20회 실시!"

학생들은 교관이 시키는 대로 기합을 받았다. 그러나 이것이 끝이 아니었다. 각 프로그램들마다 잘 따라오지 못하는 사람이 한 사람이라도 있거나 목소리가 작으면 단체 기합이었다. 이로써 수련회에 대한 학생들의 기대는 산산조각 부서졌다.

"저녁시간은 7시까지입니다. 각 반별로 저녁을 신속히 먹고 7시까지 운동장에 집합하시기 바랍니다. 이상!"

학생들은 지친 몸을 이끌고 잠깐의 자유에 기뻐했고 저녁을 맛있게 먹었다. 그러나 평소 장이 약한 장약해는 저녁을 먹은 뒤 속이 그다지 좋지 않았다.

"약해야, 괜찮아? 계속 화장실 갔다 오더니."

"괜찮아. 이러다 낫겠지, 뭐."

그러나 장약해의 속은 전혀 괜찮아지지 않았다. 7시 전까지 5분에 한 번씩 화장실을 들락날락하다가 거의 탈진 상태에 이르렀다.

"저기 보건소 있던데 가 보자."

친구들은 장약해를 끌고 보건소로 향했고 그곳에서 받은 약을 먹고 잠시 괜찮아졌다.

"거기 셋, 지각은 죄라는 것 모릅니까? 어깨동무 실시!"

"교관 선생님, 제가 아파서 보건소를 다녀오느라……."

"멀쩡해 보이는데 지금 거짓말하는 겁니까? 어깨동무 실시!"

장약해와 친구들은 지각한 죄로 꼼짝없이 기합을 받아야만 했다. 그러나 이번뿐 아니라 장약해는 식사할 때마다 계속 배가 아팠고 그 결과 계속 지각하는 바람에 교관에게 안 좋게 찍혀 버렸다.

"아직 안 온 사람이 있습니까?"

"장약해라고…… 저기 뛰어오고 있어요."

장약해는 잔뜩 찡그린 얼굴로 뛰어오고 있었고 반 친구들은 그런 장약해를 안타까운 표정으로 바라보고 있었다. 오면 꼼짝없이 기합을 받아야 했기 때문이다.

"늘 지각입니까? 아직도 시간 약속에 대한 중요성을 깨닫지 못한 겁니까?"

"아니, 화장실 다녀오느라……."

"늘 같은 변명입니까? 기합 실시, 실시!"

장약해는 또 기합을 받고 비실비실한 상태로 프로그램에 임하게 되었다. 그러나 이번 프로그램은 정신 수양 프로그램이라 하여 고문 비슷한 프로그램이었다.

"이번 프로그램은 정신 수양입니다. 모두 눈을 감고 차렷 자세로 '그만' 할 때까지 절대 움직이면 안 됩니다. 움직이면 따로 기합을 받도록 하겠습니다. 실시!"

학생들은 눈을 감고 차렷 자세로 가만히 있었다. 잠시 후 장약해의 배에서는 '우르르 쾅!' 천둥 번개가 쳤다.

'윽, 쌀 것 같아. 하지만 조금만 더 참자.'

그러나 장약해의 배속은 천둥 번개가 치다 못해 요동을 치고 있었다. 점점 화장실에 가고 싶은 압박이 밀려 왔고 더 이상 참을 수 없다는 생각에 손을 들고 말했다.

"교관 선생님, 화장실 좀……."

"지금은 정신 수양 시간입니다. 참으시기 바랍니다."

장약해는 한 번 더 참기로 하고 다시 눈을 감고 차렷 자세로 있었다. 그러나 더 이상 참을 수 없어서 다시 한 번 이야기했다.

"정말 참을 수 없어서 그러는데……."

"화장실 가고 싶은 것을 참는 것도 정신 수양의 하나입니다. 더 이상 이야기하면 따로 기합을 주겠습니다."

장약해는 주먹을 꼭 쥐고 식은땀을 흘리며 참고 있었다. 그러나 한계에 이른 장약해의 장은 더 이상 버티지 못했고 결국 사고를 치고 말았다.

"어떡해. 흑흑!"

장약해는 그 자리에 서서 울고 있었고 주변 친구들은 차츰 장약해에게서 멀어지면서 얼굴을 찡그렸다. 장약해는 옷을 갈아입으러 방으로 들어갔고 모두들 장약해를 보며 수군거리면서 웃었다.

"저녁을 먹은 뒤에는 캠프파이어가 예정되어 있으니 모두들 운동장에 집합해 주십시오."

힘든 훈련이 끝나고 수련회 마지막 날 즐거운 캠프파이어가 남아 있었다. 장약해는 부끄럽기도 하고 화가 나기도 해 방에 콕 처박혀 캠프파이어에 나가지 않았다.

"모두들 즐거운 캠프파이어를 즐겨 보자고요, 유후!"

밖에서는 신나는 음악 소리가 들렸고 학생들의 웃음소리와 폭죽 소리가 들렸다. 그러나 장약해는 방 안에서 자신을 화장실에 보내 주지 않은 교관을 저주하면서 울고 있었다.

학교로 돌아간 뒤 장약해는 한동안 학생들과 선생님들의 시선에 시달려야 했다. 수련회에서 옷에 일 본 아이로 소문이 나 자신을 볼 때마다 사람들이 수군거리면서 웃었기 때문이다.

"아들! 학교 가야지, 뭐해?"

"엄마, 나 학교 안 갈래."

"갑자기 무슨 뚱딴지 같은 소리야? 쓸데없는 소리 하지 말고 어서 일어나."

"학교 가면 모두들 놀린단 말이야. 엉엉!"

갑자기 울음을 터뜨린 장약해를 보고 당황한 엄마는 수련회에서 있었던 일을 들었다.

"뭐? 배탈이 났는데 화장실을 안 보내 줘? 어쩜, 그런 수련장이 다 있니? 안 되겠다. 당장 따져야지, 원."

엄마는 수련장에 전화했지만 수련장 교관은 배변 정도는 참을 수 있는 나이지 않느냐고 오히려 장약해를 이상한 아이로 몰았다.

"뭐 이런 곳이 다 있어? 안 되겠다. 생물법정에 고소해야겠어."

머리끝까지 화가 난 장약해의 엄마는 수련장을 생물법정에 고소했다.

우리가 대변을 참을 수 있는 이유는 항문의 괄약근 때문입니다.
그러나 이 괄약근이 항문을 조일 수 있는 것에도 한계가 있고,
배탈이 났을 경우에는 장에서 물질을 빨리
내보내려고 하기 때문에 참기 힘들답니다.

**배변을 참을 수 있을까요?**
생물법정에서 알아봅시다.

🗣 피고 측 변론하세요.

🗣 판사님은 화장실이 가고 싶은데 갈 수 없는
상황이면 어떻게 하십니까?

🗣 그야 당연히 참지요.

🗣 그렇습니다. 우리는 종종 배변을 하고 싶은데 상황이 안 된다
면 참을 수 있습니다. 그런데 이것도 참지 못한다는 건 오히려
그게 이상한 것입니다.

🗣 원고 측 변론하세요.

🗣 화장실을 가고 싶은데 갈 수 없는 상황에 처해 있을 때 참는 경
우가 많습니다. 그러나 그 전에 왜 화장실이 가고 싶은지 그 신
호는 어디서 오는지부터 따져야 할 것입니다. 내과 전문의인
명의사 씨를 증인으로 요청합니다.

날카로운 인상에 하얀 가운을 입고 청진기를 목에 건
명의사가 증인석에 앉았다.

🗣 어떤 때에 대변이 마려운 거죠?

큰창자의 마지막 부분인 직장에 대변이 어느 정도 내려오거나 대변이 항문 안쪽을 자극해야 배변이 마렵다는 감각을 느낄 수 있는 것입니다.

감각을 느끼는 곳은 대뇌입니까?

배변의 감각을 느끼는 곳은 대뇌이긴 하지만 배변을 하라고 명령을 내리는 것은 연수입니다.

연수는 무엇이지요?

대뇌와 척수 사이를 잇는 신경 교차점으로 심장 박동이나 호흡, 소화, 침 분비, 재채기 등의 반사 작용을 주관하는 기관입니다.

그러면 대변은 자기 마음대로 누고 싶을 때 느끼고 안 누고 싶을 때 안 느끼지는 못하겠군요.

그렇습니다. 연수는 자율 신경계의 조절을 모두 맡고 있습니다. 즉, 대뇌의 명령을 받지는 않습니다.

하지만 대변을 참는 경우도 있잖습니까. 그건 왜 그렇죠?

사람의 항문에는 괄약근이라고 하는 근육이 있습니다. 이 괄약근은 사람이 마음대로 조절할 수 있는 근육이지요. 그래서 항문을 꽉 조이면서 대변을 참지요. 그러나 장 운동 자체는 자율 신경계, 즉 대뇌의 명령을 받지 않기 때문에 참는 것에도 한계가 있습니다.

설사는 왜 나는 것이죠?

음식물이나 감염 때문에 생기는 것입니다. 어떤 물질이 장에 들어왔을 때 그것이 장에서 감당하기에 너무 진하거나 오염이 되어 장에 탈이 나면 장을 자극하여 빨리 그 물질을 배출하려고 장 운동을 하게 됩니다.

설사는 보통 대변보다 더 수분이 많습니다. 그 이유가 무엇이죠?

빨리 배출하려는 물질에 수분을 더해 희석시켜 내보내기 위해서랍니다. 원래 대장에서는 음식물의 수분 흡수 작용을 하지만 상한 음식이 들어오면 오히려 수분을 더해 빨리 내보내려고 합니다.

대변은 연수라는 자율 신경계에서 조절을 하는데 우리가 참을 수 있는 이유는 대뇌를 통해 조절이 가능한 항문의 괄약근 때문입니다. 그러나 이 괄약근을 조이는 것에도 한계가 있고, 특히 배탈이 나서 설사를 할 경우 장에서 빨리 물질을 내보내려고 하기 때문에 더욱 참기 힘듭니다.

판결합니다. 장 운동은 대뇌가 아닌 자율 신경계의 조절을 받

**대장**

대장은 큰창자라고도 부르며 길이는 1미터 50센티미터 정도로 소장보다 짧다. 보통 맹장에서 항문까지를 대장이라고 하는데 맹장, 결장, 직장으로 구분할 수 있다. 맹장은 충수라고도 부르며 길이는 5센티미터 정도이고 끝은 막혀 있다. 결장은 대장의 대부분을 차지하며, 직장은 대장의 마지막 부분으로 항문과 연결되어 있다.

기 때문에 우리의 의지대로 할 수 없는 것입니다. 물론 항문의 괄약근에 의해 어느 정도 참을 수 있지만 장약해 군의 경우 배탈이 나 설사를 하고 있었으므로 더 참기 힘들었을 것입니다. 따라서 이번 사건은 수련장 교관의 잘못입니다.

판결 후 장약해는 더 이상 학교에서 놀림을 받지 않았고 혹독한 훈련을 시켰던 수련장은 사람들에게 외면을 당해 결국 문을 닫게 되었다.

# 간지럼 극복하기

내가 나를 간질이면 괜찮은데 남이 간질이면 왜 참을 수 없는 걸까요?

모두를 잠의 세계로 빠뜨리는 공포의 5교시, 거기
다 지루하게 수업한다고 해서 별명이 '수면제'인 선
생님이 수업을 하는 국어 시간이었다. 선생님은 낮
은 옥타브로 잔잔한 파도 같은 목소리로 책을 읽고 있었고 학생들
은 하나 둘 꾸벅꾸벅 졸기 시작했다. 그중 간지러는 특히 더 졸고
있었다.

"에, 이쯤해서 책을 읽어 보도록 합시다. 16번!"

선생님이 16번인 간지러를 불렀다. 그러나 간지러는 아무것도 모
르고 꿈의 세계에서 헤매고 있었다.

"16번 결석입니까?"

간지러 옆에 있던 친구가 졸고 있는 간지러의 등을 잡고 흔들었다. 그 순간 간지러는 자지러지게 웃으면서 넘어졌다.

"하하하, 간지럽단 말이야."

순간 교실 안은 정적이 감돌았고 정신을 차린 간지러 앞에는 매서운 눈빛으로 노려보고 있는 국어 선생님이 서 있었다.

"뭡니까? 수업 시간에 장난이나 치고! 수업 끝나고 따라오세요."

간지러는 옆의 친구를 원망하면서 제자리에 앉았다.

"나 간지럼 잘 타는 거 알면서 왜 그랬어? 너 때문에 이렇게 됐잖아."

"기껏 깨워 줬더니만……."

간지러는 평소 간지럼을 많이 타서 여러 가지로 문제가 생겼다. 친구들이 간지러를 골려 주려고 일부러 간지럼을 태우기도 하고 남에게 오해를 사기도 했다. 국어 선생님께 불려갔다 온 간지러는 풀이 죽어서 돌아왔다.

"야, 국어 선생님이 뭐라고 하셔?"

"말도 마라. 간지럼 타서 웃은 걸 설명하려고 내가 졸았다는 사실을 인정하는 바람에 더 혼났지, 뭐."

"힘내라. 이런 일이 한두 번도 아니고!"

친구는 간지러의 등을 톡톡 쳤다. 그러자 간지러는 또 간지럼을 타서 괴로운 듯 웃었다.

"넌 간지럼을 너무 잘 타서 문제다."

"아유, 그러게. 나도 평범하게 살고 싶다!"

간지러의 말은 거의 절규에 가까웠다. 그때 반에서 장난꾸러기로 통하는 장난질이 간지러에게 와서 말했다.

"지러야, 오늘 네 자전거 좀 빌려 줘."

"안 돼, 나도 집에 타고 가야 한단 말이야."

"그러지 말고 한 번만."

"안 돼."

부탁을 거절당한 장난질은 간지러를 바라보다 장난기 어린 웃음을 지었고 간지러는 그 웃음을 보고 긴장하며 도망가려 했다. 그러자 장난질은 간지러를 잡고 간질이기 시작했다.

"너 자전거 빌려 줄 거야, 안 빌려 줄 거야?"

"아하하, 안 돼. 안 돼. 하하!"

"안 빌려 주면 계속 간질일 거야."

장난질은 간지러를 계속 간질였고 간지러는 괴로운 표정으로 눈물까지 흘리며 웃고 있었다.

"알았어. 하하! 빌려가, 빌려가."

장난질은 그제야 멈췄고 만족스러운 표정으로 자전거 열쇠를 들고 갔다. 간지러는 장난질의 뒷모습을 보며 눈물을 닦으며 한숨을 쉬었다.

친구들이 간지러에게 들어주기 싫은 부탁을 해 와도 간질이는 것 때문에 항상 억지로 부탁을 들어주어야만 했기에 늘 불이익을 당해야만 했다.

"이대로는 안 되겠어. 반드시 극복해 낼 거야!"

간지러는 수업이 끝난 후 집 근처의 서점으로 향했다. 서점 주인은 활짝 웃으며 간지러를 맞이했다.

"지러 왔구나, 오랜만이네. 오늘은 무슨 문제집을 찾니?"

"문제집은 아니고요, 혹시 간지럼 극복하는 책 있을까요?"

"글쎄다. 들어 본 것 같기도 하고 아닌 것 같기도 하고. 일단 저쪽에서 찾아볼래?"

간지러는 실용서가 모인 곳에서 책 하나하나를 뒤졌다. 30분이 지나도 자신이 원하는 책이 보이지 않자 포기하고 뒤돌아서려는 순간 맨 밑에 어떤 책이 눈부신 광채를 내뿜고 있었다.

"《간지럼 극복하기》라? 어디 한번 볼까?"

간지러는 책을 쭉 훑어보기 시작했다. 그 책을 쓴 저자는 간지러처럼 평소에 간지럼을 잘 타는 사람이었고 내용은 그것 때문에 불이익을 받는 것을 참을 수 없어서 간지럼을 극복하기로 결심하여 결국 간지럼을 극복했다는 것이다. 그리고 어떻게 간지럼을 극복했는지에 대한 방법을 상세하게 서술했다.

간지러는 찬찬히 보면서 저자가 자신과 같은 처지이니 잘 썼겠지 하는 생각에 당장 그 책을 샀다. 집으로 돌아온 후 책상에 앉아 책을 자세히 읽었다.

"필자는 우선 간지럼을 극복하기 위해서 스스로를 간질였다. 처음에는 손만 조금 문지르면 너무 간지러워 못 견딜 정도였지만 매일 꾸준히 간질인 결과 내성이 생겨 점점 간지럽지 않게 되었다."

간지러는 책을 읽은 후 책에서 시킨 대로 하기 위해 거울 앞에 섰다. 그리고 비장한 표정을 하고 양손을 옆구리에 댔다. 조금 떨리고 긴장되어 침을 꿀꺽 삼켰다. 그리고 옆구리를 살짝 문질렀는데 전혀 간지럽지 않았다.

"어? 안 간지럽네? 방법이 잘못됐나? 그래도 책에서 시킨 거니까 꾸준히 해야지."

간지러는 그날부터 꾸준히 옆구리를 간질였지만 아무리 간질여도 간지럽지 않았다. 간지러는 단순히 기술의 부족이라 생각하고 대수롭지 않게 여겼다.

"너 뭐하냐? 추워? 이 형이 안아 줄까? 흐흐!"

"저리 가, 징그러. 난 지금 훈련 중이란 말이야."

"무슨 훈련? 겨울 오기 전에 준비 운동?"

"아니, 간지럼 극복하기 훈련."

"푸하하, 네가 드디어 참기의 한계를 넘어섰구나. 그래, 열심히 해 봐라."

친구는 간지러의 등을 툭 쳤다. 그러자 간지러는 소름이 쫙 돋으면서 간지러웠다.

"매일 훈련하는데 왜 아직도 간지럼을 타지? 이상하네. 모르겠다. 계속해야지."

간지러는 책을 끝까지 믿기로 하고 계속 자기 간질이기 훈련을 하고 있었다. 그러나 그 훈련이 소용이 없다는 사실을 장난질이 또 일깨워 주었다.

"야, 게임 CD 좀 빌려 줘."

"이미 다른 애한테 먼저 빌려 주기로 했는데?"

"나 먼저 빌려 줘."

"안 돼."

장난질은 또 악마의 웃음을 지으면서 간지러를 간질이기 시작했다. 간지러는 참다 참다 결국 못 참아 게임 CD를 빌려 주게 되었고 간지러는 간지럼이 전혀 극복이 되지 않았다는 사실에 화가 나 당장 《간지럼 극복하기》를 펴낸 출판사에 항의 전화를 했다.

"네, 구라 출판사입니다."

"전 고등학생 간지러라고 하는데 얼마 전에 《간지럼 극복하기》라는 책을 샀거든요? 그런데 왜 책이 시킨 대로 해도 전혀 간지럼은 나아지지 않는 거죠?"

"방법이 틀리신 게 아니고요?"

"책에 나와 있는 그대로 했는데 전혀 나아지지 않네요."

"저희는 출판사지 병원이 아니라 잘 모르겠네요."

"아니, 나처럼 절박한 심정으로 책을 산 사람들이 있을 텐데 이렇게 하셔도 되는 겁니까?"

"정 안 되겠다 싶으시면 병원을 찾아가 보세요."

출판사 직원은 성의 없이 전화를 받은 뒤 딸깍 끊어 버렸고 간지러는 그런 출판사의 태도에 기분이 언짢아져서 고민을 하다 결국 생물법정에 고소했다.

간지럼을 태우면 피부 표면 아래에 있는 미세한 신경 말단을
자극시키게 됩니다. 다른 곳보다 겨드랑이나 발바닥이
심하게 간지럼을 잘 타는 것은 그곳의 표면에 있는
신경 말단이 특히 발달되어 있기 때문입니다.

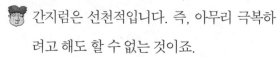

**자기가 간질이면 왜 간지럼을 타지 않을까요?**
생물법정에서 알아봅시다.

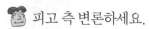

🗿 피고 측 변론하세요.

😐 간지럼은 선천적입니다. 즉, 아무리 극복하

려고 해도 할 수 없는 것이죠.

😬 생치 변호사, 지금 변론은 원고 측 변론으로 하는 게 맞는 것

같은데……

😐 아, 그렇습니까? 하지만 어떻게 간지럼을 극복한다는 건지 잘

모르겠네요. 피고 측 출판사에서 저에게 책을 주지 않은데다가

제가 워낙 바빠서 조사를 못했거든요. 판사님, 이해해 주세요.

😬 으이고! 원고 측 변론하세요.

😊 간지럼은 왜 타는 것이고 어떻게 극복할 수 있을까요? 간지럼

전문가 태울까 씨를 증인으로 요청합니다.


　　장난스런 표정으로 손을 치켜세우고 곧 간지럼을 태울

사람처럼 나타난 태울까가 증인석에 앉았다.

😊 간지럼은 왜 타는 것일까요?

😬 간지럼을 태우면 피부 표면 아래에 있는 미세한 신경 말단을

자극시키는데 이를 우리는 간지럽다고 느끼는 거지요.

다른 곳보다 겨드랑이나 발바닥이 심하게 간지럼을 잘 타는데 왜 그럴까요?

그곳의 표면에 있는 신경 말단이 특히 발달되어 있기 때문이죠.

일반적으로 간지럼을 가장 잘 타는 부위는 어디입니까?

간지럼을 가장 잘 타는 부위는 겨드랑이이고 허리, 갈비뼈, 발바닥, 무릎, 목, 손바닥 순으로 간지럼을 잘 탑니다.

간지럼은 누가 가장 먼저 연구했습니까?

1872년 찰스 다윈이 첫 번째로 발표했습니다. 다윈은 간지럼을 탈 때 웃고 몸을 움직이는 것을 반사 작용으로 봤고 사람뿐 아니라 원숭이 등 유인원도 간지럼을 태우면 웃는 것처럼 소리를 낸다고 했죠.

다른 사람이 손가락으로 간질이는 시늉만 해도 간지럼을 타는 이유는 무엇이죠?

간지럼을 예상할 때와 실제 간지럼을 당할 때 뇌 활동을 조사했을 때 둘이 똑같습니다. 즉, 뇌는 간지럼이 일어나기 전에도 실제 간지럼을 타는 것처럼 몸을 활성화시켜 준비하고 있는 셈이지요.

만약 자기가 스스로 간질인다면 간지럼을 탈까요?

보통의 경우는 타지 않습니다.

왜 그런 것이죠?

자기가 스스로 간질일 때는 소뇌가 긴급히 신호를 보내 간지러운 느낌이 올 것이라고 경고하여 이미 스스로 방어를 하기 때문입니다.

그럼 자기가 스스로 간질일 때 간지러운 경우는 어떤 때죠?

잠을 잘 때 눈동자가 빠르게 움직이며 꿈을 꾸는 상태에서 깬 직후 간질이면 간지럼을 탑니다.

간지럼을 극복할 수 있을까요?

어렵지만 극복할 수는 있습니다. 간지럼은 정신적인 면에서 반응하는 것이기에 마음을 다잡고 스스로 정신적인 방어를 충분하게 한다면 간지럼 증상이 감소할 것입니다.

간지럼은 피부 표면 아래의 미세한 신경 말단에 자극을 주어 나타나는 현상입니다. 그러나 자기가 간질였을 경우 이미 뇌에서 명령을 내려 스스로 방어 자세를 취하고 있기 때문에 간지럽지 않습니다.

판결합니다. 자기가 자기를 간질여서 간지럼을 타게 되는 경우는 꿈을 꾸는 상태에서 깬 직후에만 해당되므로 책에 나와 있는 자기 간질이기부터 시작하여 간지럼을 극복한다는 것은 힘

## 신경계

신경계는 많은 신경 세포로 이루어져 있다. 신경 세포에는 뉴런이라고 하는, 신호를 옮기는 가장 기본이 되는 세포가 있다. 일반적으로 신경 세포라고 할 때는 뉴런만을 가리키기도 한다. 뉴런은 신경 세포체와 돌기로 이루어져 있다.

듭니다. 따라서 책의 본문 내용을 수정, 보완하여 재발행하시
기 바랍니다.


구라 출판사는 책의 내용을 고쳐 간지러의 책과 무상으로 교환해
주었다. 간지러는 그 책대로 따라하여 간지럼을 심하게 타지 않게
되었다.

## 신경계

신경계는 신체 내부나 외부에서 들어온 자극을 감각 기관으로부터 받아서 중추로 보내고 중추는 근육, 분비선 등에 명령하여 자극에 대한 반응을 하게 하는 역할을 하는 감각 기관을 통틀어 이야기합니다. 신경계는 뉴런이라는 신경 세포로 우리 몸 구석구석 연결되어 있답니다. 뉴런은 다른 세포들과는 달리 정보 전달을 잘할 수 있도록 생겼어요.

신경계는 크게 중추 신경계와 말초 신경계로 나뉘는데 각각의 신경계는 위치와 역할에 따라 다시 여러 가지로 나뉜답니다.

## 중추 신경계 이야기

중추 신경계는 감각 기관으로부터 들어온 모든 정보를 모아서 어떻게 반응하면 좋은지 판단을 내리는 곳으로 크게 뇌와 척수가 있어요.

뇌는 대뇌, 소뇌, 간뇌, 중뇌, 연수로 이루어져 있어요. 대뇌는 감각과 운동의 중추이고 기억이나 판단 등 정신 활동을 하는 곳이죠. 소뇌는 대뇌와 함께 운동을 담당하고 몸의 균형을 잡을 수 있게 해 주는 곳이랍니다. 간뇌, 중뇌, 연수는 다른 말로 뇌간이라고도 하는데 뇌간을 다치면 목숨을 잃을 만큼 매우 중요한 감각 기관이에요.

왜냐하면 뇌간은 심장을 뛰게 하고 피가 흐르게 하며 소화 기관을 통해 소화를 하게 하는 등 모든 반사 작용을 담당하는 곳이기 때문이죠.

척수는 척추 안의 신경으로 뇌와 온몸의 신경계를 연결해 주는 역할을 해요. 말초 신경계에서 받은 자극을 뇌로 올려 보내 주고 뇌에서 받은 명령을 말초 신경계로 전달해 주죠. 하지만 척수는 단순히 신호를 전달해 주는 역할만 하는 것이 아니라 무릎 반사나 땀 분비, 갓난아기의 배변, 배뇨를 담당하기도 해요.

## 말초 신경계 이야기

말초 신경계는 온몸의 조직이나 감각 기관에 퍼져 있는 신경을 말해요. 척수를 통해 중추 신경계와 연결되어 있지요. 말초 신경계는 크게 체성 신경계와 자율 신경계가 있습니다.

체성 신경계는 감각 기관과 운동 기관에 연결되어 있는 신경계입니다. 대뇌의 명령을 받는 신경계이기 때문에 우리의 의지대로 활동할 수 있는 특징이 있지요. 체성 신경계는 뇌에서 직접 갈라져 나온

뇌신경과 척수와 몸의 각 부분을 연결하는 척추신경으로 나눌 수 있답니다.

자율 신경계는 대뇌의 영향을 받지 않고 자율적으로 조절하는 신경계입니다. 이는 각종 내장과 혈관에 분포되어 있어 생명 유지에 필수적인 기능을 맡고 있어요. 자율 신경계에는 교감 신경과 부교감 신경이 있는데 이 둘은 한쪽이 활발해지면 다른 한쪽은 잠잠해져 우리 몸을 조절하는데 이를 길항 작용이라고 합니다.

# 반사와 조절에 관한 사건

# 눈싸움의 승자

눈을 한 번 깜빡거릴 때의 속도는 어느 정도일까요?

"에잇, 부모님의 원수! 널 만나기 위해 10년 동안
을 기다렸다!"

"하하, 얼마든지 상대해 주마. 이 하룻강아지!"

"나의 칼을 받아라!"

"거기 둘! 수업 시작한 지가 언젠데 아직까지 장난치고 있어? 빨
리 자리에 앉지 못해?"

장난질과 왕즐거는 선생님의 호통에 머리를 긁적이며 자리에 앉
았다. 아직 칼싸움을 조금밖에 못했는데 벌써 수업 시간이라는 것이
애통하기만 했다.

장난질과 왕즐거는 어릴 적부터 한 동네에서 자란 매우 친한 친구였다. 둘은 매우 장난이 심했다.

"아이스깨끼!"

"난 몰라. 엉엉!"

여자애들 치마 들추기는 기본이었다.

'싹둑!'

"야! 또 너네야?"

고무줄놀이를 하는 곳이면 어김없이 나타나 고무줄을 끊었다.

"나한테 주는 선물? 뭔데? 아악! 이게 뭐야?"

모형 뱀이나 작은 개구리들을 잡아 선물이랍시고 여자애들한테 줘서 깜짝 놀라게 하기도 했다. 이렇듯 둘에게 있어서 여자애들은 그저 장난의 대상일 뿐이었고 둘은 학교 내에서 최고의 장난꾸러기로 통했다.

그러나 여자애들도 계속 당하고 있지는 않았다. '장난질과 왕즐거 장난대책위원회(이하 장대위)'를 만들어 두 사람에게 복수하기로 한 것이었다. 장대위의 대장인 박웅녀는 성장이 빨라 키도 크고 어른스러운데다 무엇보다 힘이 장사였다.

"대장, 2반 여자애들이 고무줄놀이를 운동장에서 할 거라는 제보가 들어왔어."

"흠, 운동장은 너무 넓어. 그 녀석들을 혼내 주려면 학교 뒤뜰이 좋겠어."

"알았어, 애들한테 전할게."

행동대장은 2반 교실 쪽으로 뛰어갔다. 박웅녀는 오늘이 절호의 기회라는 생각에 회심의 미소를 지었다. 그리고는 장대위의 회원들을 소집해 치밀한 계획을 세웠다.

"여기 지도를 보면 뒤뜰의 통로는 총 네 곳, 그리고 숨을 수 있는 곳은 다섯 군데야."

"통로 쪽은 학교 복도와 연결되어 있어서 복도 입구 문에 숨어서 기다렸다가 둘이 오면 잽싸게 나와 통로를 막는 거야."

"숨을 수 있는 곳은 몸집이 작은 애들이 들어가는 게 좋겠네."

"좋아, 실수 없도록 하고. 오늘 제대로 쓴맛을 보여 주자."

장대위의 회원들은 파이팅을 외치고 학교 뒤뜰로 향했다. 2반 아이들은 고무줄뛰기를 하고 있었고 장대위는 각자 맡은 곳에서 장난질과 왕즐거가 오길 기다리고 있었다.

"저기 온다."

장난질과 왕즐거는 가위를 들고 밤손님처럼 살금살금 다가오고 있었다. 두 사람이 사각지대에 들어오는 순간 장대위는 우르르 뛰쳐나가 두 사람을 포위했다. 장난질과 왕즐거는 갑자기 많은 여자애들이 자신들을 감싸고 무섭게 노려보고 있으니 지레 겁을 먹고 망부석처럼 멀뚱히 서 있었다.

"장난질, 왕즐거. 우리가 늘 당하고만 있을 줄 알았니?"

"두 사람 무릎 꿇고 손들어!"

장난질과 왕즐거는 박웅녀의 기세에 눌려 무릎을 꿇고 손을 들었다. 웅녀는 앞으로 나와 종이에 적은 두 사람의 죄목을 낱낱이 이야기했다.

"이러한 이유로 우리 장대위는 두 사람에게 벌을 내리겠다. 여기 있는 사람들 한 명씩 돌아가며 둘에게 꿀밤을 때린다. 실시!"

장대위는 한 명씩 돌아가며 꿀밤을 때렸다. 장난질과 왕즐거는 거의 울음을 터뜨리기 일보 직전이었다.

"유치하게 앞으로 또 장난치기만 해 봐라. 우리 장대위는 너희를 항상 지켜보고 있을 거야."

웅녀를 선두로 모든 여자애들이 우르르 따라갔다. 모두가 사라지고 쓸쓸한 바람이 불 때쯤 장난질은 그제야 정신을 차렸다.

"즐거야, 괜찮아?"

"괜찮기는! 아파 죽겠네."

"나도 머리가 하나 더 생긴 것 같아. 아휴, 우리가 뭘 어쨌다고. 그런데 장대위는 또 뭐지?"

"아까 들었잖아. 장난질과 왕즐거 장난대책위원회. 우리가 장난을 치면 얼마나 쳤다고!"

"그러게. 오늘은 내 생애 가장 치욕적인 날이야."

두 사람은 부들부들 떨리는 다리를 간신히 붙잡고 일어났다. 그리고 오늘 당한 일을 결코 잊지 않겠다고 결심했다. 그러나 그날 이후 장난만 치려고 하면 장대위의 회원들이 출동해서 물거품이 되는 동시에 꿀밤을 맞았다. 장난질과 왕즐거는 슬슬 화가 나기 시작했다.

"우리의 즐거움을 빼앗다니, 도대체 장대위가 뭔데!"

"짜증나. 매일 맞기만 하잖아."

"우리 싸울까?"

"하지만 거기 애들 숫자가 몇 명인데, 그날 봤잖아."

"너 그거 모르는구나. 원래 대장을 쓰러뜨리면 만사 오케이인 거."

"오, 너 천재다."

"뭐, 게임에서 얻은 지혜라고나 할까? 어쨌든 거기 대장이 아무래도 웅녀 같지? 그런데 개랑 어떻게 싸우지?"

"2 대 1이니까 뭐 어떻게든 되겠지."

장난질과 왕즐거는 주먹을 꼭 쥐고 교실에 있는 웅녀에게 다가갔다. 웅녀는 의외라는 듯 둘을 바라보았다.

"너희가 웬일이야? 왜? 나한테 장난쳐 보게?"

"아니야, 너에게 결투 신청하러 왔어."

둘은 자신들이 생각하는 가장 무서운 표정을 지었다. 웅녀가 일어나기 전까지 말이다.

"무슨 결투? 복싱? 태권도? 유도?"

장난질과 왕즐거 앞에 자기 머리 하나 정도 더 있는 키의 다부진 몸을 가진 웅녀가 자신들을 내려다보며 비웃고 있었다. 둘은 갑자기 겁이 나서 걸어오는 동안 생각했던 것들이 싹 사라졌다.

"왜 말이 없어? 결투하자며?"

둘은 식은땀을 흘리며 서로 이야기하라며 몸으로 툭툭 치고 있었다. 우물쭈물하다가 장난질의 입에서 결국 헛소리가 튀어나왔다.

"누누누…… 눈싸움!"

"눈싸움? 그게 결투야? 하하! 좋아. 까짓것 하지, 뭐. 그렇지만 결투인데 뭔가 대가가 있어야 할 것 아냐?"

"우리가 이기면 우리가 장난치는 데 간섭하지 말아 줘."

"좋아, 그럼 내가 이기면 너희의 장난은 금지야. 누가 눈싸움할 건데?"

"아아…… 잠시만."

둘은 쭈뼛쭈뼛 뒤돌아서서 소곤거렸다.

"갑자기 눈싸움은 뭐야? 우리가 하기로 한 건 이게 아니었잖아."

"나도 모르게 그만…… 어쨌든 이기면 되잖아."

"네가 말했으니까 네가 해."

둘은 서로 하라고 또 서로를 툭툭 치고 있었다.

"뭐야? 눈싸움하자고 한 장난질이 나랑 하면 되겠네."

"나나나…… 나?"

"그럼 진 걸로 하든가."

"아…… 아니야, 하자."

"누구 카메라 폰 없어? 동영상 찍어."

장난질과 박웅녀가 눈싸움을 시작했다. 주변에는 둘의 눈싸움을 구경하러 온 애들로 바글바글했고 둘의 얼굴 가까이 휴대전화를 들이밀며 동영상을 찍었다. 그러던 중 어디선가 작은 벌레 한 마리가 장난질의 눈 쪽으로 날아들어 왔다.

"이게 뭐야?"

장난질은 손짓을 하여 작은 벌레를 쫓아냈다. 그러자 갑자기 박웅녀가 자리에서 일어나 말했다.

"내가 이겼어."

"무슨 소리야? 난 눈을 감지 않았어."

"아니야, 난 똑똑히 봤어."

"거짓말하지 마! 증거 있어?"

"동영상 찍은 거 가지고 와 봐."

둘은 동영상을 찬찬히 봤다. 그러나 아무리 봐도 장난질이 눈을 감은 장면은 보이지 않았다.

"거 봐. 난 눈 안 감았어."

"아냐, 넌 분명 감았어."

"여기 증거도 있는데 우길래?"

"벌레가 날아왔는데 눈을 안 감는 사람이 어디 있어?"

둘은 옥신각신 싸우다 결국 생물법정에 의뢰하게 되었다.

우리 눈은 자신의 의지와는 상관없이 계속 깜빡거리고
그 속도는 40분의 1초로 매우 빠릅니다. 그 이유는
눈을 촉촉하게 하여 눈을 보호하기 위해서예요.
또 공이 날아오거나 벌레가 날아올 때도 눈을 보호하기 위해
무의식적으로 눈을 감게 됩니다.

**눈은 왜 깜빡거릴까요?**
생물법정에서 알아봅시다.

🗿 생치 변호사 변론하세요.

👤 눈은 우리가 모르는 사이 계속 깜빡거립니
다. 그 이유는 눈을 항상 촉촉하게 만들어
건조해지는 것을 막기 위해서이죠. 그러나 컴퓨터를 하거나 흥
미로운 기사를 읽게 되어 집중하게 되면 눈을 깜빡거리는 것
자체도 까먹기 마련입니다. 따라서 눈싸움은 먼저 눈을 감는
사람이 지는 것이므로 더욱 더 집중해서 눈을 감지 않으려 할
것입니다. 따라서 장난질 군은 눈을 감지 않았을 것입니다.

🗿 비오 변호사 변론하세요.

👤 안과 전문의인 안경태 박사를 증인으로 요청합니다.

뱅글뱅글 안경을 쓰고 흰 가운을 입은 안경태 박사가
증인석에 앉았다.

👤 눈을 깜빡거리는 이유는 무엇인가요?

👓 생치 변호사의 말대로 눈을 보호하기 위해서입니다.

👤 눈을 깜빡거리는 것과 눈 보호는 무슨 관련이 있는 거죠?

눈을 깜빡거림으로써 눈을 촉촉하게 해 주는데 만약 깜빡거리지 않으면 눈이 건조해지면서 뻑뻑해져 충혈될 뿐만 아니라 공기 중의 오염 물질도 쉽게 달라붙을 것입니다.

그러면 눈싸움 같은 건 눈 건강에 매우 안 좋겠네요.

그렇습니다. 눈을 감지 않아 눈 안의 수분이 날아가 뻑뻑해질 것입니다.

만약 눈에 벌레가 날아들면 눈은 어떻게 됩니까?

반사 작용으로 눈을 감게 될 것입니다. 벌레가 날아들면 자신이 못 느끼는 사이에 눈의 근육과 신경은 이미 반사 작용으로 깜빡거리는 것이죠.

여기서 잠깐 눈싸움을 찍었다는 동영상을 틀어 보도록 하겠습니다.

동영상을 정상 속도로 재생하니 장난질이 눈을 감는 것은 보이지 않았다.

동영상에서 보면 벌레가 날아들어도 장난질 군의 눈이 감기지 않는데 왜 그런 것이죠?

눈이 '깜빡' 하는 속도가 매우 빠르기 때문에 안 보이는 것일 겁니다.

눈을 감는 속도는 어느 정도입니까?

약 40분의 1초의 속도로 깜빡거립니다. 1분에 평균 15번 정도를 깜빡거린다는 말이죠.

다시 동영상을 보겠습니다. 이번에는 매우 느린 속도로 돌려보도록 하겠습니다.

비오 변호사가 매우 느리게 재생하는 동영상을 틀었고 벌레가 날아들 때 장난질의 눈이 깜빡거리는 것을 볼 수 있었다.

동영상에서 본 바와 같이 장난질 군은 벌레가 날아들었을 때 눈을 깜빡거렸습니다. 이것은 아무리 눈싸움이라고 할지라도 벌레 때문에 위협을 받은 눈이 반사 작용을 하여 자신도 모르게 눈을 감은 것이죠.

판결합니다. 우리 눈은 자신의 의지와는 상관없이 눈을 계속 깜빡거리고 그 속도는 40분의 1초로 매우 빠릅니다. 그 이유는 눈을 촉촉하게 하여 눈을 보호하기 위해서입니다. 또 공이 날아오거나 벌레가 날아올 때 눈을 보호하기 위해 무의식적으로 눈을 감습니다. 동영상에서 보았듯이 장난질 군은 날아오는 벌레로부터 자신의 눈을 보호하기 위해 반사적으로 눈을 감았던 것입니다. 그러니 장난질 군은 자신의 패배를 인정하기 바랍니다.

판결 후 장난질과 왕즐거는 여학생들에게 약속대로 장난을 치지 않았지만, 솟구치는 장난기를 주체하지 못해 결국 선생님한테 장난을 치다가 크게 혼쭐이 나고 그제야 장난치는 것을 그만두게 되었다.

# 무릎을 치면 다리가 불쑥?

무릎을 치면 왜 저절로 다리가 쑥 올라올까요?

사건 속으로

꿈이 국가 대표 축구 선수일 만큼 축구를 좋아하
는 초등학생 나공차는 매일 방과 후에 축구하는 것
이 유일한 놀이였다. 그러나 학년이 올라갈수록 같
이 공을 차며 놀아 주는 친구가 차츰차츰 사라졌다.

"야, 오늘 수업 끝나고 축구 한 판 어때?"

"미안하지만 안 돼. 나 영어 학원에 가야 돼. 엄마가 빠지면 혼낸
다고 했어."

"어쩔 수 없지, 뭐. 다른 애들 불러야지. 철수야! 우리 축구하자."

"미안, 나 미술 학원에 가야 해."

친구들은 모두 학원에 가 버리고 나공차는 덩그러니 교실에 혼자 남게 되었다. 즐겁게 축구를 하며 함께 놀았던 친구들이 모두 사라지자 왠지 혼자만 따돌림을 당하는 것 같아 우울해졌다.

"쳇, 모두들 가 버리라고! 원래 천재는 고독한 거야."

나공차는 스스로 위로를 했지만 그래도 이제 같이 공을 차 줄 친구가 없다는 사실에 서글퍼졌다. 할 수 없이 터덜터덜 집으로 돌아와서 이제 막 걸음마하기 시작하는 동생을 보고 공을 던지면서 말했다.

"못차야, 공 차 봐."

이제 막 걸음마하는 아기가 공을 찰 수 없는 건 당연했다. 오히려 공 때문에 넘어져 엉엉 울자 부엌에서 엄마가 달려와 나공차를 나무랐다.

"동생한테 무슨 짓이니? 엄마가 동생 괴롭히지 말라고 그랬지?"

엄마가 나공차에게 꿀밤을 때렸지만 공차는 입만 삐죽 내밀었다. 평소에는 때리지 말라고 반항할 텐데 오늘은 조용하니 엄마가 의외라는 듯 바라보았다. 한참 후 나공차가 나지막하게 이야기했다.

"엄마, 나 학원 보내 줘."

"전에는 학원에 가라고 등 떠밀어도 안 간다던 애가 웬일이니? 이제야 공부하고 싶어졌어? 우리 아들 철들었네."

"그게 아니라 애들이 학원 간다고 축구 못한다고 하잖아. 그러니까 나도 학원에 가서 애들이랑 축구할래."

엄마는 어이가 없어서 나공차를 한참 바라보았다. 나공차는 엄마가 학원에 당연히 보내 주겠지 하는 기대감에 부풀어 있었는데 혼자만의 착각이었다.

"학원은 공부하러 가는 곳이지 공 차러 가는 곳이 아니야. 이제 너도 공 좀 그만 차고 어서 공부해."

"엄마, 학원!"

"시끄러! 공부한다고 학원 간다 해도 보내 줄까 말까인데 어디 축구하러 간다고 학원 다니겠다고 해? 오늘 숙제 없어? 숙제나 해."

"엄마, 미워!"

나공차는 공을 들고 집 밖으로 뛰쳐나가 놀이터로 향했다. 예전에는 친구들이랑 놀이터에서 재밌게 놀았는데 이제는 아무도 없는 황량한 놀이터만이 나공차를 반겨 주었다.

"모두들 미워. 아무도 내 편이 없어."

나공차는 투덜거리며 벽에 대고 공을 뻥뻥 찼다. 공을 차면 벽에 부딪혀 다시 나공차에게 돌아오고 또 다시 차면 돌아오고…… 오늘 따라 공이 사랑스러웠다.

"역시 내 마음을 알아주는 건 너밖에 없구나. 넌 평생 내 편이어야 해. 네! 나공차 선수 상대편 선수들을 제치고 골문 앞으로 다가가고 있습니다. 슛!"

나공차는 오버액션을 취하며 공을 차려고 했으나 그만 실수를 하는 바람에 공을 밟고 뒤로 벌렁 넘어졌다. 아픈 건 둘째치고 혹시 누가 본 사람이 없나 주위부터 살펴보았지만 다행히 아무도 없었다.

"휴, 다행이다. 벌써 저녁 시간이 다 됐네. 일어나야지. 아얏!"

나공차가 일어나려는 순간 허리에서 통증이 오면서 몸에 힘이 들어가지 않았다. 주변엔 지지하고 일어설 만한 지지대도 없었고 졸지에 누워서 아무 것도 못하는 상태가 되었다.

"누구 없어요? 여기 사람이 다쳤어요. 도와주세요!"

그러나 주변에는 아무도 없었고 나공차는 속수무책으로 누워 있어야만 했다. 문득 사람이 밖에서 자다가 얼어 죽었다던 뉴스가 생각나 겁이 나기 시작했다.

"다시는 동생 안 괴롭힐게요. 이제 엄마 아빠 말씀 잘 들을게요. 공부도 열심히 할게요. 살려주세요. 엉엉!"

나공차는 울기 시작했다. 그때 나공차를 찾으러 엄마가 놀이터로 나왔다.

"너, 여기서 뭐하니? 이 녀석, 어두워지면 들어오라고 그랬지?"

"엄마, 와 줘서 고마워. 나 얼어 죽는 줄 알았어. 엉엉!"

"이 녀석아, 한여름에 누가 얼어 죽니? 헛소리하지 말고 어서 일어나."

"엄마, 아파서 못 일어나겠어. 엉엉!"

나공차는 엄마의 부축을 받고 겨우 일어났지만 허리에 통증이 오면서 다리를 절뚝거렸다.

"이거 큰일인데, 오늘은 늦었으니까 내일 병원에 가자."

다음 날, 나공차는 여전히 다리를 절뚝거리며 병원을 찾았다.

"어디, 허리가 아프다고? 다리도 절뚝거리는구나. 잠깐 의자에 앉아 볼까?"

의사 선생님은 조그마한 망치를 들고 절뚝거리는 다리 쪽의 무릎을 쳤다. 그러자 다리가 쑥 올라왔다.

"어? 난 다리 안 올렸는데?"

"원래 이렇게 무릎을 두드리면 자기도 모르게 무릎이 올라온단다. 흠, 그래도 신경은 안 다친 모양이구나. 근육이 조금 놀란 것 같네. 오늘 주사 맞고 치료 좀 하고 약 먹으면 나을 게다."

나공차는 무릎을 치면 다리가 올라오는 게 신기해 의사에게 계속 다시 두들겨 봐 달라고 졸랐다. 서너 번 두드려도 모두 다리가 올라오는 것이 너무나 신기했던 나공차는 친구들에게 자랑해야겠다는 생각에 아픈 것도 잊은 채 신나게 학교로 향했다.

"아픈 건 괜찮아? 결석까지 하고."

"어, 괜찮아. 그런데 나 되게 신기한 거 알아냈어."

"뭔데?"

"일단 의자에 앉아 봐."

나공차는 친구를 의자에 앉히고 막대기를 들고 와 친구의 무릎을 쳤다. 그러나 친구의 다리는 아무런 반응을 보이지 않았다. 몇 번을 쳐도 마찬가지였다.

"뭐야, 왜 자꾸 남의 무릎은 치고 그래?"

"이상하다. 이렇게 두드리면 무릎이 올라오던데?"

나공차는 계속 쳐 보았지만 아무런 일도 일어나지 않았다. 친구는 자꾸 자기를 때리니까 짜증이 나기 시작했다.

"너, 신기한 거 보여 준다고 해 놓고 왜 치는 거야? 같이 축구 안 해 준다고 일부러 그러는 거지?"

"아니야, 내가 어제 병원에 갔었는데 의사 선생님이 내 무릎을 치니까 내 다리가 올라왔단 말이야."

"거짓말, 네가 다리 올렸지?"

"아니야, 정말이라니까! 이렇게 무릎을 치면 나도 모르게 다리가 올라왔다니까."

나공차는 졸지에 거짓말쟁이가 돼 버렸고 친구들에게 놀림을 받았다. 풀이 잔뜩 죽은 나공차는 집에 돌아와 동생을 앉혀 무릎을 쳐 보았지만 동생의 다리도 올라오지 않았다.

"이 녀석! 또 동생 괴롭히고 있지?"

"아니야, 엄마! 엄마, 분명히 어제 의사 선생님이 내 무릎 쳤을 때 내 다리가 올라 왔었지?"

"네가 다리를 올린 거 아니었어?"

"아니야! 내가 올린 게 아니었어. 그런데 왜 내가 하면 안 올라오지?"

"쓸데없는 소리하지 말고 어서 숙제해. 엄마가 좀 있다 검사할 거야."

엄마마저 나공차를 믿어 주지 않았고 동생을 괴롭힌다는 누명까지 쓰게 된 나공차는 억울한 마음에 방으로 들어왔다. 숙제를 하려고 책을 편 순간 생물법정의 광고가 보였다.

**'억울한 일 모두 해결해 드립니다. 과학공화국 생물법정은 누구에게나 열려 있습니다.'**

'이거다! 여기에 연락하면 내 억울함을 해결해 줄 거야.'
나공차는 생물법정에 자신의 억울함을 풀어 달라고 하소연했다.

척수 반사를 하는 이유는 갑작스런 위험으로부터
몸을 보호하기 위해서입니다. 보통 자극을 받으면 대뇌까지 가서
대뇌의 명령을 받고 움직이는데 위험에 처했을 때는 척수에서
바로 명령을 내려 위험으로부터 벗어나게 해 줍니다.

**무릎을 치면 왜 다리가 올라올까요?**
생물법정에서 알아봅시다.

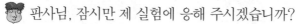

재판을 시작하겠습니다. 생치 변호사 변론
하세요.

판사님, 잠시만 제 실험에 응해 주시겠습니까?

무슨 실험을? 앗, 왜 내 무릎을 때리는 거죠?

이것 보십시오. 판사님 다리도 안 올라가잖습니까? 제가 재판
장에 오기 전에 수없이 무릎을 때려 보았지만 다리는 올라가지
않더군요. 제 결론은 아무리 무릎을 쳐 봤자 다리는 올라가지
않는다는 것입니다.

뭔가 이상하다는 느낌이 들지만, 알겠습니다. 비오 변호사 변
론하세요.

허리가 아플 때 병원에 가면 무릎을 쳐서 무릎이 올라가는지
안 올라가는지 검사를 합니다. 별로 특별해 보이지 않지만 이
검사는 매우 중요합니다. 신경외과 전문의 신경질 씨를 증인으
로 요청합니다.

인상을 팍 쓰고 한 손에 작은 망치를 든 의사 신경질 씨
가 증인석에 앉았다.

아까 생치 변호사가 했던 실험은 올바른 것입니까?

아닙니다. 무릎 반사를 제대로 측정하려면 무릎을 직각으로 굽히고 정강이가 자유롭게 흔들리는 상태에서 의자에 걸터앉아 무릎뼈 아래쪽 가장자리 부분을 고무가 달린 작은 망치로 가볍게 두들겨야 합니다. 시범을 보이도록 하죠.

신경질은 비오 변호사를 의자에 걸터앉힌 뒤 무릎뼈 아래쪽 가장자리 부분을 망치로 살짝 치자 비오 변호사의 다리가 앞쪽으로 쑥 올라왔다.

이의 있습니다. 비오 변호사가 힘을 줘서 튕긴 것일 수도 있잖습니까. 저도 해 보겠습니다.

그러세요. 단, 다리에 힘을 빼고 있어야 합니다.

생치 변호사도 똑같이 실험하자 다리가 쑥 올라왔다.

정말 신기하군요. 무릎 반사는 무엇인가요?

무릎 반사는 등뼈 안에 있는 신경인 척수 때문에 무의식적으로 일어나는 무조건 반사입니다.

무릎 반사는 어떻게 일어나는 거죠?

무릎 쪽과 연결된 근육의 신경들은 모두 척수에 이어져 있는데 우리가 무릎을 쳤을 경우 신경 전달이 대뇌까지 가지 않고 척수에서 바로 돌아 나와 움직이라고 명령해 우리가 깨닫기도 전에 다리가 먼저 올라오는 거죠.

무릎 반사를 측정하는 이유는 무엇인가요?

보통 허리가 아플 때 많이 하는데 척수에 이상이 있을 경우 무릎 반사가 일어나지 않기 때문입니다. 즉, 허리가 아픈 것이 척수의 이상 때문인지 알아보기 위해서 쓰는 거죠.

척수 반사로 인해 일어나는 건 무엇이 있을까요?

첫 번째로 자세 유지입니다. 한쪽 근육이 늘어나면서 다른 한쪽 근육이 줄어드는 것처럼 두 근육이 조화를 이뤄야 걷거나 앉을 수 있습니다. 두 번째로 뜨거운 것을 잡았을 때 바로 손을 떼는 것도 척수 반사 때문에 일어나는 것이죠.

척수 반사를 하는 이유는 무엇인가요?

가장 큰 이유는 갑작스러운 위험으로부터 몸을 보호하기 위해서입니다. 보통 자극을 받으면 대뇌까지 가서 대뇌의 명령을 받고 움직이는데 뜨거운 것을 잡았을 때나 따가운 것을 밟았을 때처럼 위험에 처했을 경우에는 대뇌까지 가는 시간을 절약하기 위해 척수에서 바로 명령을 내려 위험으로부터 벗어나게 하는 것이죠.

감사합니다. 보통 자극을 받으면 대뇌까지 전달해 대뇌의 명령을 받고 움직이지만 위험한 상황에 처했을 때 신속하게 대처하

기 위해서 대뇌까지 가지 않고 척수에서 바로 명령을 받아 움직이게끔 해 둔 것이 척수 반사입니다. 무릎 반사도 척수 반사의 한 가지이죠.

 무릎 반사는 병원에서 허리에 이상이 있는지 알아보기 위해 하는 검사입니다. 왜냐하면 무릎에 연결된 근육들의 신경이 척수에 연결되어 있기 때문이죠. 무릎 반사는 무의식적으로 나타나는 무조건 반사이며 척수에 이상이 있지 않는 한 모두가 무릎 반사를 할 것입니다.

판결 후 나공차의 친구들은 나공차의 말을 믿어 주었고 그 후 무릎 반사 놀이가 크게 유행했다.

### 조건 반사와 무조건 반사

조건 반사란 자신도 모르게 반사 작용을 일으키는 무조건 반사와는 달리 경험에 의해 얻게 된 후천적 반사 작용이다. 조건 반사 실험은 흔히 개에게 먹이를 줄 때 종소리를 매번 들려주다 어느 날 종소리만 냈을 때 개가 침을 흘리는 경우로 많이 설명한다. 반면 무조건 반사는 날아오는 공을 보고 자신도 모르게 눈을 감는 행동 등으로 설명할 수 있다.

# 한여름의 아르바이트

더울 때 땀을 많이 흘리는 사람은 몸에 이상이 있는 걸까요?

자취하는 대학생인 배고파는 오늘도 무엇을 먹을 것인지 방 안에 누워서 곰곰이 생각해 보았다. 그러나 냉장고는 텅텅 빈 지 오래전이고 매 끼니를 사 먹을 돈도 없었다.

"악! 어제 게임방 가는 게 아니었는데. 그간 게임방에 쓴 돈들만 모아도 피자와 통닭을 실컷 사 먹고도 남았겠다."

수업만 끝나면 친구들과 함께 게임방을 내 집 드나들듯 매일 출석하다 보니 어느새 집에서 보내 준 용돈은 바닥이 났다.

'따르릉!'

"아들! 웬일로 전화했어?"

"엄마, 나 용돈 좀……."

"이 자식이! 너 용돈 받은 지 1주일도 안 됐다. 그 많은 돈을 벌써 다 써 버렸단 말이냐?"

"아, 그게 책 좀 사느라……."

"시끄럽다! 또 거짓말하네. 우리 집이 재벌집도 아니고 자꾸 돈 펑펑 쓸래? 네가 벌어서 쓰든지 맘대로 해라. 이번에 된통 혼나 봐야 정신을 차리지."

"엄마? 엄마!"

엄마는 배고파를 잔뜩 혼내고는 전화를 끊어 버렸다. 배고파는 침울해져서 친구들에게 밥이라도 얻어먹으려고 전화번호를 뒤적거렸다.

"용식이에게 밥이나 사 달라고 해야겠다. 용식이 전화번호가 뭐였지?"

용식이에게 전화를 걸었으나 받지 않았다. 다른 친구들도 전화를 안 받기는 마찬가지였다. 의리 없는 친구들이라며 욕을 한 뒤 어쩔 수 없이 라면이라도 사 먹을 생각에 마지막 남은 만 원을 뽑으러 슬리퍼를 질질 끌고 현금 인출기로 향했다.

"크윽, 피 같은 내 만 원. 이걸로 라면 사서 며칠 버텨야겠다."

배고파는 마지막 남은 만 원을 뽑은 뒤 명세서 분쇄기에 명세서를 넣으려고 했다. 그러나 잘못해서 명세서가 아닌 만 원짜리를 집어넣고 말았다.

"안 돼! 내 피 같은 만 원!"

분쇄기와 사투 끝에 겨우 만 원을 사수했지만 배고파의 손에는 이미 분쇄기가 절반을 잡아먹은 반쪽짜리 만 원이 있었다. 할 수 없이 은행으로 가 돈을 바꾸니 오천 원밖에 되지 않았다.

"엉엉, 분쇄기 때문에 오천 원이 날아갔구나. 그래도 오천 원이 얼마냐, 큰일 날 뻔했네."

배고파는 애써 자신을 위로하면서 슈퍼로 향했다. 그러나 슈퍼에서 라면을 몇 개 사니 돈도 얼마 남지 않았다.

"불쌍한 내 인생! 돈도 없고, 밥도 없고, 친구도 없고. 그나저나 이 라면을 다 먹고 나면 뭘 먹고 살아야 하지? 어디 반짝 돈 벌 곳 없나?"

배고파는 주린 배를 붙잡고 구인 광고지를 들고 집으로 돌아왔다. 라면을 먹으며 구인 광고지를 뒤적뒤적하는데 아르바이트가 눈에 띄었다.

**'하루 동안 아르바이트할 건실한 남자 구함. 가게 앞에서 풍선 나누어 주는 일. 일당 오만 원.'**

일당 오만 원에 눈이 번쩍 뜨인 배고파는 당장 전화를 걸었다. 다행히도 아르바이트해도 좋다는 대답을 들었고 배고파는 신나는 마음에 아르바이트를 하기 위해 집에서 열심히 단장을 하고 갔다.

"안녕하세요? 아르바이트하러 온 배고파입니다."

가게 안에는 배가 불뚝 튀어나오고 머리가 벗겨진 심술궂은 인상의 사장이 능글맞게 웃으며 배고파를 맞이했다.

"어서 오시게. 내가 자네보다 나이가 훨씬 많으니까 말 놔도 되지? 이런 아르바이트해 보았나?"

"아니요, 하지만 열심히 할 수 있습니다."

"그래, 잘하게 생겼네. 이쪽으로 따라오게."

사장은 배고파를 데리고 창고 안으로 들어갔다. 배고파는 풍선을 가지러 가겠거니 생각했지만 그건 큰 착각이었다.

"자네는 오늘 이 토끼 인형 옷을 입고 풍선을 나누어 주면 되네."

"하지만 이런 더운 여름에……."

"왜? 하기 싫은가? 하기 싫으면……."

"아, 아닙니다. 열심히 하겠습니다."

"그래, 어서 갈아입고 가게 앞으로 나오게나."

배고파는 아침 일찍 일어나 열심히 단장한 것을 후회했지만 오만 원을 위해서 뭔들 못하겠냐는 생각에 토끼 인형 옷을 입었다. 그러나 더운 여름 날씨에 인형 옷을 입으니 숨 쉬기조차 어려울 정도로 갑갑했다.

"큰일이네. 밖은 더 더울 텐데…… 쓰러지면 사장이 책임지겠지, 뭐."

배고파는 올해 들어 최고 기온이라는 여름날에 가게 앞에서 풍선 나누어 주는 일을 시작했다. 숨도 쉬기 어려운 갑갑한 인형 속에서 땀은 비 오듯이 쏟아졌고 너무 더워 잠시 가게 안으로 들어갔다.

"풍선 안 나눠 주고 왜 들어왔나?"

"사장님, 너무 더워서 그러는데 잠시만 쉴게요."

"어허, 이 사람이 일을 해야지. 어서 나가서 일해."

"아무리 그래도 이렇게 무더운 한여름에…… 저 쓰러지겠어요."

"전에 하던 아르바이트생들은 불평 한마디 안 하던데 안 되겠네. 자꾸 그러면 일당이고 뭐고 없어."

배고파는 쉬지도 못하고 할 수 없이 다시 밖으로 나왔다. 햇볕은 강렬하게 내리쬐고 인형 안은 푹푹 찌는 것이 꼭 찜질방에 온 기분이었다.

"와, 토끼다. 나도 풍선 주세요. 그런데 진짜 토끼야?"

"아야, 이러면 안 돼요. 꼬마 아가씨!"

아이들은 장난으로 토끼 인형 귀를 잡아당겼고 배고파는 얼굴 부분이 안 벗겨지려고 필사적으로 잡았다.

"토끼야, 덥지? 내가 물총으로 물 쏴 줄게. 나 잡아 봐라!"

"이러지 마, 꼬마야!"

배고파는 하루 종일 아이들의 괴롭힘에 시달려야만 했다. 물총 세례에 안아 달라고 칭얼대는 아이까지 상대해야 했고 때로는 폭력을 행사하는 아이들도 있었다.

'이거 왜 이렇게 힘들어? 하지만 오만 원을 위해서!'

배고파는 괴로웠지만 돈을 벌기 위해서 이를 악물고 버티었다. 그렇게 힘든 하루가 가고 가게가 문 닫을 때쯤 되어 아르바이트도 끝이 났다.

"갈아입을 옷을 가져오길 잘했네. 휴, 땀범벅이잖아."

배고파는 물에 빠진 사람처럼 온몸이 땀에 젖어 있었지만 이제 곧 일당을 받는다는 생각에 기분은 날아갈 듯 좋았다. 그때 사장이 다가왔다.

"수고했네. 그런데 토끼 인형 안이 왜 이런가? 다 젖어 있잖아."

인형 안은 배고파의 땀 때문에 흠뻑 젖어 있었다. 그것을 본 사장은 정색을 하면서 배고파를 노려보았다. 배고파는 당황해하며 말을 했다.

"그거야 제 땀 때문에 젖은 거죠. 어쨌든 일당 주세요."

"일당은 둘째 치고 인형을 이렇게 만들면 어쩌나? 변상해 줘야겠는데?"

배고파는 어이가 없어서 사장을 보고 따졌다.

"아니, 한여름에 이런 두꺼운 옷을 입고 밖에서 하루 종일 서 있으면 땀이 나는 건 당연하잖아요. 왜 변상해야 합니까?"

"저번 겨울에 아르바이트생을 썼을 때는 이런 적 없었어. 에헴, 어쨌든 인형 옷을 변상하는 차원에서 오늘 일당은 없네."

"네? 농담하시는 거죠? 겨울이랑 여름이랑 같아요? 이건 엄연히 노동력 착취입니다, 사장님! 그리고 제가 쉬려고 하면 자꾸 밖으로 내몬 게 누군데요?"

"보자보자 하니까! 어쨌든 일당은 없어!"

돈도 받지 못하고 그대로 가게 밖으로 쫓겨난 배고파는 자신의 인형 옷 변상과 일당을 주지 않은 것은 부당하다며 생물법정에 사장을 고소했다.

몸에 열이 나면 간뇌에 있는 시상 하부가 부교감 신경을
자극하게 됩니다. 부교감 신경이 피부의 모세혈관을 확장시키면
혈관에 흐르는 혈액의 양이 많아지면서 땀샘을 열어 열과 함께
땀을 배출하게 되는 것이랍니다.

**더우면 왜 땀이 날까요?**
생물법정에서 알아봅시다.

피고 측 변론하세요.

땀은 더울 때 나지만 개인마다 땀이 나는 정
도가 다릅니다. 이번 사건의 경우 배고파씨
는 인형 옷 안이 흠뻑 젖도록 땀을 흘렸고 결국 인형 옷을 못
쓰게 만들었습니다. 따라서 배고파 씨는 인형 옷을 변상해야
합니다.

원고 측 변론하세요.

추운 겨울에 이런 상황이 발생하면 어떻게 될지 모르지만 가장
더운 날씨에 바람도 통하지 않는 인형 옷을 입는다면 모든 사
람들은 땀을 비 오듯 흘렸을 것입니다. 증인으로 정통 고등학
교 생물 교사 선비야 씨를 요청합니다.

전통 복장을 입은 중년의 남성이 툭 튀어나온 배를 앞
으로 쑥 내밀고 느릿느릿 팔자걸음으로 증인석을 향해 걸
어 왔다.

더울 때 땀을 흘리는 이유는 무엇인가요?

당연히 올라간 체온을 떨어뜨리기 위해서지요.

땀을 흘리면 왜 체온이 내려가죠?

땀이 나면 땀이 증발하면서 피부 주변의 열을 뺏습니다. 그로 인해 우리 몸의 체온이 떨어지는 것이지요.

어떻게 땀이 나는 것일까요?

우선 간뇌에 있는 시상 하부가 몸에 열이 많다는 것을 감지하고 부교감 신경을 자극시킵니다. 부교감 신경은 활성화되어 피부의 모세혈관을 확장시키고 혈관에 흐르는 혈액의 양이 많아지면서 외부로 빠져나가는 열의 양을 늘립니다. 이때 땀샘을 열어 땀이 나게 해서 열을 다 증발시키는 것이지요.

그래서 더운 날 얼굴이 빨개지는군요.

그렇습니다. 확장된 모세혈관 때문에 얼굴이 빨갛게 보이는 것입니다.

그 외에 체온을 낮추는 방법이 또 있나요?

시상 하부에서 뇌하수체를 거쳐 갑상선으로 가 티록신의 분비를 감소시킵니다. 티록신은 물질대사를 활발하게 하여 몸에 열을 나게 하니까 당연히 티록신 분비를 감소시켜 몸에 열이 더 이상 안 나도록 하는 것이죠. 또 혈액 속의 포도당은 에너지원으로 쓰여 열을 나게 하니까 인슐린을 분비하여 혈액 속의 포도당 양을 낮춰 줍니다.

원고인 배고파 씨는 더운 여름날 바람이 통하지 않는 인형 옷

을 입고 하루 종일 밖에 서 있었습니다. 따라서 체온은 올라갔고 시상 하부에서 감지하여 부교감 신경을 활성화시켜 땀이 나게 해 체온을 낮추려 한 것입니다. 그러므로 땀이 나도록 원인을 제공한 것은 가게 사장이므로 배고파 씨는 인형 옷을 변상할 이유가 없습니다.

판결합니다. 더운 여름에 가만히 서 있어도 체온이 올라가 땀이 나는데 바람이 통하지 않는 인형 옷을 입은 배고파 씨의 체온은 더 올라갔을 것입니다. 따라서 올라간 체온을 낮추기 위해 땀이 나는 것은 어쩔 수 없는 현상이었습니다. 그러므로 배고파 씨는 인형 옷값을 변상해 줄 필요가 없습니다.

판결 후, 배고파는 아르바이트비를 받았고 어렵게 받은 돈이니만큼 아껴 썼다.

땀샘

땀샘은 피부에 있으며 몸에 약 200만 개 내지 400만 개가 있다. 땀샘의 주위는 모세혈관이 그물처럼 둘러싸고 있고 피에서 걸러진 노폐물과 물이 모세혈관에서 땀샘으로 보내져 땀이 만들어진다.

# 소름은 싫어!

추울 때 닭살이 돋는 이유는 무엇일까요?

"오늘 말복이고 하니 점심은 삼계탕 어때?"

"좋아요. 저 삼계탕 잘하는 곳 알고 있는데 그곳으로 가죠?"

"그래, 그런데 계시러 씨는 왜 준비 안 하고 가만히 앉아 있지? 삼계탕 싫어하나?"

"네, 전 닭이라면 뭐든 다 싫어요. 전 도시락 싸 왔어요. 맛있게들 드시고 오세요."

회사 동료들은 이상하다는 듯 고개를 갸우뚱거리더니 삼삼오오 사무실을 빠져나갔다. 혼자 남은 계시러는 간단히 싸 온 도시락을 꺼내 우걱우걱 씹어 먹으며 인터넷 서핑을 했다.

"닭은 평생 내 천적이야. 윽, 닭 같은 건 이 세상에서 사라져야 한다고!"

계시러는 닭을 무척이나 싫어했다. 그 이유는 어릴 적 시골 할머니 댁에서 있었던 일 때문이었다. 당시 다섯 살이었던 계시러는 호기심이 많은 꼬마였다. 그래서 할머니 댁 마당을 휘젓고 다니며 궁금한 것은 모두 찔러 보거나 잡거나 해서 궁금증을 해결했다. 어느 날, 마당에 닭들과 병아리들이 모이를 쪼아 먹으며 돌아다니고 있었다.

"와, 할머니! 노랗고 조그마한 게 뭐예요?"

"저건 병아리란다."

"병아리 예뻐!"

꼬마 계시러는 조금 더 가까이 다가가 병아리를 잡으려고 했다. 그때 근처에 있던 수탉이 계시러를 공격했다.

"꺅, 살려 줘!"

수탉은 날아다니며 계시러를 쪼아 댔다. 도망가려 하면 쫓아오면서 쪼아 대는 것이 아닌가! 결국 부엌에 있던 할머니가 손녀의 비명 소리를 듣고 부지깽이를 들고 와 수탉을 쫓아내고 손녀를 구해 냈다. 그러나 그 사건 이후 계시러를 얕잡아 본 수탉은 계시러만 보면 공격하려 들었고 계시러는 그때부터 닭을 무척이나 싫어했다. 닭뿐만 아니라 닭에 관련된 모든 것을 싫어했다.

"엄마, 계란 좀 치워요. 나는 계란 싫다니까."

"계란이 얼마나 몸에 좋은데. 너, 아직도 어릴 적에 수탉에게 당한 것 때문에 그러니?"

"아, 몰라. 어쨌든 닭에 관한 건 다 싫으니까 건들지 마요."

계시러는 닭고기뿐만 아니라 계란도 거들떠보지 않았고 병아리 무늬 물건들만 봐도 히스테리를 부렸다. TV에서 닭이 나오거나 닭살 등 닭에 관련된 언어만 나와도 채널을 돌려 버렸다. 그 덕에 가족들은 닭 구경 못해 본 지 오래전이었다.

"누나 때문에 닭고기도 못 먹고 이게 뭐야? 우리도 닭고기 좀 먹자. 난 고영양분을 섭취해야 할 청소년이라고."

"시끄러! 돼지고기, 쇠고기도 있고만 왜 하필 닭고기야? 너, 그럼 용돈 없다."

"용돈으로 협박하고 정말 너무한다."

동생의 불평에도 계시러는 굴하지 않았다. 닭은 죽어도 싫기 때문이었다. 치료를 받아 보라는 주위의 권유에도 계시러는 꿋꿋하게 버텼다.

어느 날, 계시러에게 반가운 연락이 왔다. 고등학교 졸업 후 외국 대학으로 유학 간 친구가 몇 년 만에 돌아와 만나고 싶다는 연락이었다.

"꺄아, 이게 몇 년 만이야? 촌스럽던 사이언은 어디 가고 웬 세련된 여성이 오셨나? 역시 외국물은 다르네. 예뻐졌어!"

"예뻐지기는 무슨! 너도 너무 예뻐져서 못 알아볼 뻔했어."

"아예 귀국한 거야?"

"아니, 친척이 결혼한다고 해서 잠깐 들어온 거야. 연구 일정이 얼마나 빡빡한지."

친구인 사이언은 외국에서 과학을 연구하는 연구원이었다. 고등학교 때 과학을 유달리 싫어하여 아예 포기한 계시러와는 달리 사이언은 과학공화국 과학 경시 대회에서 상을 받을 만큼 과학을 잘하는 학생이었다. 특히 생물을 잘해 생명공학 쪽 연구를 하고 있었다.

"휴, 덥다. 뭐 먹으러 갈래? 오랜만에 돌아왔으니 먹고 싶은 거 많겠다."

"음, 나 삼계탕 먹고 싶다. 아참, 너 닭 싫어하지?"

"어, 기억하고 있네?"

"아휴, 닭을 싫어한다니 어쩔 수 없네. 불고기나 먹으러 가자."

둘은 한여름에 불고기를 먹기 위해 뜨거운 불판 앞에 앉았다. 실내에 에어컨이 켜져 있긴 했지만 불판이 워낙 뜨거워서 땀을 뻘뻘 흘리면서 먹었다.

"휴, 덥다. 그래도 맛있긴 맛있네. 그치?"

"후식은 팥빙수나 먹으러 가자."

더운 식당에서 나와 시원한 카페로 향했다. 둘은 일부러 에어컨 앞에 앉았고 팥빙수를 주문했다.

"외국 생활은 어때? 힘들지는 않아?"

"초반에는 힘들었지, 말이 안 통하니까. 그래도 지금은 살 만해.

내가 좋아하는 일을 하고 있으니까."

"부럽다. 난 뭐했지? 나도 너처럼 과학을 좋아했으면 유학이나 가는 건데."

둘은 한참 이야기꽃을 피웠고 그 사이에 주문한 팥빙수가 나왔다.

"그러고 보니까 왜 네가 닭을 싫어하는지 이유를 못 들어 봤네. 왜 싫어해?"

계시러는 어릴 적 있었던 악몽을 떠올리며 이야기해 주었고 그 이야기를 들은 사이언은 깔깔거리며 웃다 심각한 표정의 계시러를 보고 억지로 웃음을 참았다.

"크크, 웃어서 미안! 그 수탉의 카리스마가 대단한데?"

"말도 마라. 그때 얼마나 공격당했는지 아직도 꿈에 나타나."

"나 같아도 그런 일 당하면 닭 싫겠다. 알 만해. 팥빙수 먹자. 맛있겠다."

둘은 팥빙수를 맛있게 먹었다. 그러나 에어컨 앞에서 바람을 쐬던 사이언은 팥빙수를 먹자 으슬으슬 추워지기 시작했다.

"바람 맞으면서 빙수 먹으니까 춥다. 닭살이 다 돋네. 이것 봐. 넌 안 그래?"

사이언은 팔에 난 닭살을 계시러에게 보여 주었다. 그러자 계시러는 정색하면서 말했다.

"너 일부러 나 놀리는 거지?"

"무슨 소리야?"

"닭살이라니!"

"추워서 나는 건데? 너도 알잖아."

"추워서 나는 거라니! 난 나지도 않는데. 내 이야기가 그렇게 재밌디?"

갑자기 흥분하면서 이야기하는 계시러를 보고 당황한 사이언은 차근차근 설명해 주려고 했다.

"아니, 난 지금 에어컨 바람을 쐬고 있고 팥빙수를 먹으니까 체감 온도가 떨어져……."

"변명하지 마! 너 괜히 내가 모르는 과학 용어를 써서 피해 가려고 하는 거지? 정말 실망했어."

"나 참, 황당해서. 그럼 생물법정에서 내 팔에 닭살이 돋는 건 왜 당연한 건지 증명해 줄게."

체온이 낮으면 간뇌의 시상 하부에서 체온이 낮다고 감지합니다.
이때 시상 하부는 교감 신경을 활성화시켜 털이 있는
입구의 근육인 입모근을 수축시키는데
이게 꼭 돌기처럼 돼서 닭살처럼 보이는 거랍니다.

추우면 왜 닭살이 돋을까요?
생물법정에서 알아봅시다.

생치 변호사 변론하세요.

흔히 이야기하는 닭살은 털 뽑은 닭의 살 표
면처럼 자잘한 돌기가 오돌토돌하게 나 있
는 피부를 말하는데 이것은 '소름'입니다. 소름은 추울 때 돋는
것으로 지금같이 더운 여름에 돋는다는 게 오히려 이상합니다.

비오 변호사 변론하세요.

소름은 물론 추울 때 돋는 것이 맞습니다. 그러나 의뢰인인 사
이언 씨는 에어컨에서 나오는 차가운 바람을 쐬고 있었고 팥빙
수까지 먹고 있었습니다. 이것만으로도 충분하지 않을까요?
더 자세한 이야기를 듣기 위해 증인으로 정통 고등학교 생물
교사 선비야 씨를 요청합니다.

　전통 복장을 입은 중년의 남성이 툭 튀어나온 배를 앞
으로 쑥 내밀고 느릿느릿 팔자걸음으로 증인석을 향해 걸
어 왔다.

에헴, 요즘 들어 자주 불리는 것 같소이다. 이번엔 무엇인고?

이번에는 소름 때문에 질문 드릴 겁니다. 소름은 왜 돋는 것일까요?

간단하게 얘기하면 몸에서 열이 나가지 않도록 하기 위해서지요.

어떻게 소름이 돋는 거죠?

체온이 낮으면 체온이 높을 때 그랬던 것처럼 간뇌의 시상 하부에서 체온이 낮다고 감지합니다. 그래서 시상 하부는 교감 신경을 활성화시켜 털이 있는 입구의 근육인 입모근을 수축시키는데 이게 꼭 돌기처럼 돼서 닭살처럼 보이는 거지요.

소름은 추울 때 외에도 공포감을 느낄 때도 돋는데 왜 그런 걸까요?

교감 신경은 공포감 등의 스트레스를 받았을 때도 활성화됩니다. 그래서 소름이 돋아요.

다시 본론으로 넘어가서 체온이 낮을 때는 또 어떤 일들이 일어날까요?

체온이 높을 때랑 반대로 생각하면 됩니다. 먼저 모세혈관이 수축하면서 털을 세워 밖으로 빠져나가는 열의 양을 최소화하려고 합니다.

정말 체온이 높을 때랑 반대네요.

그 외에도 갑상선에서 티록신을 나오게 하여 물질대사를 촉진시켜 열을 나게 하고 혈액 내에 에너지원인 포도당의 양도 늘리지요.

말씀 감사합니다. 사람의 몸은 체온이 낮을 때 뺏기는 열을 최
소화하고 체온을 올리기 위해 여러 가지 일을 합니다. 그중 소
름은 열을 최소한 안 뺏기기 위한 작용이며 대뇌가 마음대로
조절할 수 없는 교감 신경의 작용입니다.

소름은 주위가 추워서 체온이 낮아질 때 체온을 더 이상 뺏기
지 않으려고 입모근이 수축한 것이고 이것은 교감 신경의 작용
입니다. 사이언 씨는 차가운 에어컨 바람을 쐬고 있었고 차가
운 팥빙수를 먹고 있었으므로 체온이 낮아져 소름이 돋았을 것
입니다. 교감 신경은 자율 신경계이므로 고의적으로 소름을 돋
게 할 수는 없습니다.

　　판결 후 계시러는 사이언에게 진심으로 사과를 했고 둘은 더욱 친
한 친구가 되었다.

 소름

피부가 갑자기 차가운 곳에 노출되었을 때, 또는 감정이 급하게 변하거나, 특히 공포심을 느꼈을 때
좁쌀알 같은 게 피부에 돌출되어 나타나는 것을 말한다. 이것은 피부에 있는 털의 뿌리가 수축되면
서 피부가 위로 튀어 올라오는 현상이다.

# 초보 베이비시터

체온 조절을 못하면 죽는다는 게 사실일까요?

"여보, 아기 신발 사 왔어."

"어머, 예쁘다. 우리 복둥이는 좋겠네. 아빠가 예
쁜 신발도 사 오고."

"여보, 오늘 회사일은 안 힘들었어?"

"네, 힘들지도 않았고 괜찮았어요. 우리 복둥이 태어나면 맛있는
거 먹여 주고 예쁜 거 입혀 줘야 하는데 열심히 일해야죠."

이제 곧 태어날 아기만을 기다리는 부부인 채수중과 허히라는 오
늘도 배 속의 아기를 생각하며 행복한 시간을 보내고 있었다. 결혼
8년 만에 겨우 가진 아기라 이 부부에게는 그 무엇과도 바꿀 수 없

는 소중한 아기였다.

"여보, 우리 아기가 빨리 나왔으면 좋겠다."

"그러게요, 아앗!"

"왜 그래? 어디 아파?"

"진통이 조금씩 오는 것 같아요. 아앗!"

허히라는 그날 밤 진통이 와 산부인과에 가서 다음 날 정오경에 예쁜 공주님을 낳았다.

"여보, 수고했어. 우리 복둥이가 당신 닮아서 정말 예뻐! 정말 고마워!"

"내가 보기엔 당신 닮았는걸요? 우리 예쁘고 올바르게 잘 키워요."

그러나 아기를 낳은 지 두 달 후 부부에게 걱정이 생겼다. 그것은 두 사람이 맞벌이를 하는지라 출근해서 일하는 동안 아기를 돌봐 줄 사람이 없었기 때문이다.

"어린이집에도 신생아 반은 아직 없고, 그렇다고 주변에 맡아 줄 사람도 없는데 어쩌지?"

"그러게요. 참, 우리 회사 동료 중에 베이비시터를 고용해서 아기를 맡긴 사람이 있던데?"

"베이비시터?"

"네, 아기를 돌봐 주는 사람이죠. 우리 회사 동료는 베이비시터가 잘해 줘서 편하게 직장에 다니더라고요."

"그래, 그럼 당장 알아보자고."

부부는 베이비시터 중개업소에 연락을 했고 곧 베이비시터를 만날 수 있었다.

"안녕하세요? 전 정따뜻입니다. 제가 손이 따뜻해서 아기들이 참 좋아하더라고요. 믿고 맡겨 주세요."

부부는 서글서글한 인상에 따뜻한 손을 가진 정따뜻을 보고 마음이 놓였다. 다음 날 아침, 부부는 정따뜻만을 믿고 가벼운 마음으로 출근을 했다.

"집은 좋네. 여보세요? 어, 준하야. 나? 아르바이트하러 왔지. 이번에는 아기 돌봐 주는 아르바이트를 시작했어. 몰라, 그냥 우유 먹이고 기저귀 갈아 주면 되겠지. 앗, 아기 운다. 나중에 전화할게."

정따뜻은 사실 베이비시터 일을 처음 해 보는 완전 초보였다. 이런저런 아르바이트를 전전긍긍하다 베이비시터의 보수가 높다는 이야기를 듣고 중개업소에 신청한 것이었다.

"까꿍! 배고프니? 여기 분유 먹어 봐. 안 먹네? 아, 기저귀를 갈아 줘야 하는구나."

정따뜻은 조카들을 한두 번 돌봐 준 경험으로 아기를 대하고 있었다. 그러나 조카들은 말을 하고 걸어 다니는 아기였지 이렇게 신생아를 맡아 보긴 처음이었기에 어떻게 해야 할지 당황하기 일쑤였다.

"에휴, 겨우 잠들었네. 이 아기는 왜 이렇게 까다로운 거야? 우리 조카들은 조용하던데. 애를 벌써 오냐오냐 키워서 그래. TV나 봐야 겠다."

정따뜻은 부엌으로 가 냉장고를 아무렇게나 뒤져서 간식거리를 찾아 소파에 벌러덩 누워 TV를 보았다. 간식을 먹으면서 깔깔거리다가 살포시 잠이 들었는데 아기 울음소리가 들려왔다.

"에이, 잠 잘 자고 있었는데 뭐야? 또 울어?"

정따뜻은 귀찮다는 듯이 아기가 있는 방에 갔다. 아기는 계속 울고 있었다.

"음? 약간 열이 있긴 한데 걱정할 정도까진 아닌 것 같네. 배고픈가? 우유 먹어 봐. 우유도 안 먹고 기저귀는 안 갈아도 되고. 왜 그러지?"

정따뜻은 아기를 안고 흔들면서 달래 주었지만 아기의 울음은 그칠 줄 몰랐다. 인터넷에서 찾은 '우는 아기 달래는 방법'을 따라해 보았지만 소용이 없었다. 결국 짜증이 난 정따뜻은 귀찮다는 듯 아기가 울든 말든 상관하지 않고 TV를 보았고 한참 후 아기는 울다 지쳐 잠이 들었다.

"겨우 울음을 그쳤네. 지가 울면 언제까지 운다고."

저녁이 되자 허히라가 먼저 도착했고 정따뜻은 아무 일도 없었다는 듯이 허히라를 맞이했다.

"우리 은샘이 보기 힘들었죠? 고생했어요."

"아니 뭘요. 얼마나 순하던지 잘 울지도 않고 오히려 제가 편했죠, 뭐."

정따뜻은 거짓말을 했고 허히라는 만족스런 표정으로 아기를 보러 갔다. 그러나 아기의 상태를 본 허히라는 기겁을 하며 난리가 났다.

"우리 은샘이가 열이 펄펄 끓고 얼굴이 창백하네요. 어쩜 좋아! 일단 병원에 다녀올 테니까 집에 있어요."

허히라는 아기를 끌어안고 정신없이 병원으로 달려갔다. 정따뜻은 뭔가 큰일이 난 것 같았지만 분명 열도 얼마 없었고 조카들도 저러다 멀쩡히 돌아오는 경우가 많았기 때문에 별로 신경 쓰지 않았다.

"다녀왔습니다. 정따뜻 씨, 애 엄마 안 왔어요? 우리 은샘이는 어디 가고?"

"아까 병원에 가신다면서 아기를 데려 가셨어요."

"병원이요? 무슨 일로요?"

"그것까지는 잘……."

채수중은 당장 허히라에게 전화를 걸었고 매우 놀란 표정으로 역시 병원으로 뛰어 나갔다. 그 광경을 본 정따뜻은 초보 엄마 아빠들은 한 번쯤은 꼭 모두 저런 모습들을 보인다며 혀를 끌끌 찼다. 얼마 후에 부부가 아기를 끌어안고 지친 기색으로 돌아왔다.

"아기는 좀 어떤가요? 괜찮다고 하죠?"

"괜찮다니요! 나 참, 어이가 없어서……."

허히라는 버럭 화를 냈고 정따뜻은 무슨 영문인지 몰랐다. 채수중은 허히라를 달래며 일단 들여보내고 정따뜻과 이야기를 했다.

"정따뜻 씨, 우리 은샘이 하마터면 죽을 뻔했어요. 열이 40도 가까이 됐다고요."

"네? 제가 만졌을 때는 괜찮았는데……."

"그건 둘째치고 애가 아프면 계속 울었을 텐데 이상한 거 못 느낀 겁니까? 경력자 맞아요?"

정따뜻은 경력자라고 속이고 들어온 게 찔려서 아무 말도 못했다. 하지만 자기 잘못은 없다는 듯이 이야기했다.

"물론 아기가 울었을 때는 제가 달래 주고 하니까 금방 그치던걸요. 열도 없었고요. 아마 사모님이 들어오셨을 때부터 아팠겠죠."

그때 아기를 내려놓고 거실로 돌아온 허히라는 정따뜻을 금세 잡아먹을 것 같은 표정으로 노려보았다.

"끝까지 자기 잘못은 인정 안 하네. 뭐 이런 사람이 다 있어!"

"여보, 그만해."

"이건 그만할 문제가 아니에요. 만약에 우리 둘 다 야근이었으면 어쩔 뻔했어요? 우리 소중한 은샘이 큰일 날 뻔했잖아요. 믿고 맡겼는데 혹시 경력자라고 속이고 들어온 거 아녜요? 그리고 울지 않았다고요? 그럼 울다 퉁퉁 부운 얼굴이랑 눈물 자국은 도대체 뭐예요? 설명을 해 보라니까요!"

정따뜻은 아무런 할 말이 없었다. 우는 아기를 방치한 것도 잘못이었고 아기가 아픈 줄 몰랐기 때문이다. 채수중은 한숨을 푹 쉬며 사태를 마무리하려고 했다.

"앞으로 이런 일 없도록 하세요."

"네……."

그러나 허히라가 가만있을 리 없었다.

"아니요, 오늘로 당장 해고예요."

정따뜻은 가만히 있다가 갑자기 해고를 당한 것에 황당했다. 그래서 한 번 실수로 왜 해고를 당해야 하는지 모르겠다며 따졌지만 소용이 없었다. 결국 정따뜻은 생물법정에 자신의 억울함을 호소했다.

사람의 체온은 대체적으로 정상 온도를 유지하고 있어요.
그러나 정상 범위를 넘어서서 올라가거나 낮아지면
매우 위험한 상황에 빠지게 되며
잘못될 경우 죽음에 이를 수도 있답니다.

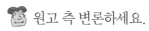

사람의 체온이 올라가면 왜 위험할까요?
생물법정에서 알아봅시다.

원고 측 변론하세요.

성인의 정상 체온은 36.5℃라고는 하지만
아기 체온은 성인보다 약간 더 높습니다. 그
리고 열은 몸이 체내에 침투한 세균과 싸우도록 도와주고, 몸
의 면역계를 움직이게 하고 질병의 경과를 짧게 해 주기 때문
에 오히려 좋을 수도 있습니다. 그렇기 때문에 아기가 열이 난
다고 해서 크게 걱정할 필요는 없었습니다.

피고 측 변론하세요.

약간의 열은 병을 치료하는 데 도움이 된다고는 하지만 과연
어느 정도까지가 괜찮은 열일까요? 소아과 전문의인 배이비
씨를 증인으로 요청합니다.

우스꽝스러운 분장을 하고 노란 가운을 입은 배이비 씨
가 증인석에 앉았다.

어느 정도를 열이 난다고 봐야 합니까?

간단히 이야기하면 정상 범위를 벗어날 정도로 상승하면 열이

난다고 봐야겠죠.

아기는 어느 정도면 열이 난다고 판단합니까?

아기는 성인보다 체온이 조금 더 높기 때문에 생후 3개월 이하는 38°C, 생후 3개월 이상은 38.3°C 이상일 경우에 '열이 난다'라고 봅니다.

고열이 나면 위험한 이유가 무엇일까요?

몸속의 효소가 제대로 활동을 못하기 때문입니다. 사람의 몸은 효소의 작용으로 산다고 해도 과언이 아닌데 이 효소는 온도가 어떻게 변하느냐에 따라 활성도가 달라집니다. 온도가 높아지면 효소가 제대로 활동을 못합니다. 거기다 40°C가 넘어가면 뇌세포 등 몸속의 세포들이 망가지기 시작합니다.

정말 위험하군요. 고열로 인해 죽을 수도 있습니까?

네, 체온이 43°C가 되면 신경과 심장 기능에 장애가 생겨 죽게 됩니다.

반대로 체온이 낮아지면 어떻게 될까요?

마찬가지로 위험해집니다. 특히 차가운 물속에 오래 있다 보면 저체온증에 빠져 죽게 됩니다. 심장 쪽의 온도가 32°C 이하가 되면 심장 박동이 불규칙해지고 30°C 이하가 되면 의식을 잃어 죽음에까지 이르게 됩니다.

사람의 체온은 조그마한 편차가 있긴 하지만 대체적으로 정상 온도를 유지하고 있습니다. 그러나 정상 범위를 넘어서서 올라

가거나 낮아지면 매우 위험한 상황에 빠지게 되며 잘못될 경우
죽음에 이를 수도 있습니다.

판결합니다. 사람의 체온은 늘 비슷한 온도를 유지하는데 정상
범위를 넘어서 올라가거나 낮아지면 몸속 효소가 제대로 활동
을 못하고 세포가 파괴되기까지 해 매우 위험한 상황이 될 수
있습니다. 그래서 그에 따른 응급 처치를 해 주어야 하는데 정
따뜻 씨는 아기가 열이 심하게 나는데도 이를 방치했으므로 해
고의 사유가 됩니다.

판결 후, 정따뜻은 베이비시터 일을 그만두고 다른 아르바이트 자
리를 구해야만 했다.

### 체온

체온은 몸의 온도를 말한다. 체온은 몸의 각 부분마다 다르다. 예를 들어, 폐는 호흡을 하기 때문에
항상 찬 공기와 접하므로 체온이 비교적 낮고, 간은 끊임없이 에너지를 만들어 내기 때문에 체온이
높다.

# 후춧가루와 재채기

지긋지긋한 알레르기 비염은 정말 고칠 수 없는 걸까요?

노란 개나리가 총총 피고 목련이 우아하게 자태를 뽐내며 벚꽃이 정신이 아득할 만큼 흐드러지게 핀 완연한 봄이 되었다. 아름다운 봄날 모두들 가벼운 옷차림으로 사뿐사뿐 걸으며 아름다운 봄꽃들을 감상하는데 단 한 사람, 나예민은 마스크로 코와 입을 가리고 다녔다.

"예민 아씨, 넌 왜 예쁜 봄옷에 안 어울리게 겨울 마스크를 쓰고 왔니? 언밸런스다, 정말!"

나예민의 친구 인기녀는 나예민을 놀리기 바빴고 나예민은 기분이 상해 버럭 소리를 질렀다.

"나같이 비염이 있는 사람들에게 봄은 치명적이야. 으, 꽃가루들! 나도 사람답게 살고 싶다고!"

나예민은 평소 알레르기성 비염이 있어서 꽃가루나 먼지, 동물의 털 등은 그녀에게 독이나 마찬가지였다. 거기다 코가 너무 예민한 탓에 약한 자극에도 쉽게 재채기가 나서 곤란한 적이 한두 번이 아니었다.

"그나저나 너 그러고 내일모레 소개팅 나가려는 건 아니겠지? 네가 아무리 옷 잘 입고 괜찮게 생겼다지만 마스크는 곤란하다."

"걱정 마, 내가 설마 이러고 나가겠니?"

나예민은 인기녀를 통해 주말에 소개팅을 할 예정이었다. 태어나서 이때까지 남자라고는 한 번도 사귀어 보지 못한 나예민으로서는 소개팅이 기대가 되었지만 지긋지긋한 비염이 문제였다.

"그런데 이틀 전인데 소개팅할 남자 사진도 안 보여 주니?"

"나름 신비주의 전략 모르니? 호호! 잘생긴 건 아니지만 성격 하나는 끝내 주니까 걱정 마."

"네가 그런 말을 하니까 왠지 걱정된다."

나예민은 그렇게 말했지만 내심 기대가 되었다. 인기녀와 다니면서 만난 인기녀의 친구들은 하나같이 다들 멋진 남자들이었고 이번 소개팅 때도 괜찮은 남자가 나오리라는 예상을 했다.

"에~취, 아악! 정말 알레르기 비염을 뿌리째 뽑아 버릴 치료제는 없는 거야?"

"알레르기는 평생 가는 질병이라잖아. 참 고생한다."

"그나저나 나 소개팅 때 계속 재채기하면 어쩌지?"

"괜찮아. 내가 친구에게 잘 말해 뒀어. 친구가 이해해 줄 거야."

나예민은 일단 안심했다. 사실 처음 본 사람이 자꾸 재채기를 하면 얼마나 보기 그럴까? 하지만 인기녀가 다 말해 두었다니 일단 안심을 했다.

대망의 소개팅 날, 나예민은 새벽같이 일어나 목욕탕에 가서 묵은 때를 밀어 내고 미용실에 가서 거금을 들여 머리를 했다. 그리고 어제 새로 산 봄옷을 입고 가장 화사하게 화장을 하고 약속 장소에 나가니 인기녀가 먼저 와 있었다.

"오, 너 평소에도 이렇게 하고 다녀라. 그럼 남자들이 줄을 설 거다."

"시끄러! 부끄럽단 말이야."

"그나저나 내 친구는 왜 이렇게 안 오지?"

인기녀는 시계를 보며 초조해했다. 그때 어떤 낯선 남자가 말을 걸었다.

"인기녀 되시죠?"

"아, 예. 누구신지? 처음 뵙는데……."

"안녕하세요, 전 황금독 친구 강동완입니다. 오늘 금독이가 못 나갈 것 같다고 저보고 대신 나가라고 하더라고요. 인기녀 씨가 제 파트너?"

"아니요, 전 주선자예요. 일단 앉으세요."

강동완이 미소를 지으며 앉았다. 뽀얗고 하얀 피부에 오뚝 선 콧날, 날렵한 턱 선에 큰 눈, 거기다 훤칠한 키에 잘 빠진 몸매, 그는 완벽한 킹카였기에 인기녀와 나예민은 한동안 어리벙벙하기도 하고 황홀하기도 해서 멍하게 있었다.

"일단 인사부터 하죠. 전 강동완이라고 합니다. 아름다운 여자분 성함은 어떻게 되시죠?"

"아, 예에. 전 나예민이라고 합니다."

"이름이 참 예쁘시네요."

나예민은 얼굴이 발그레해졌고 인기녀는 옆에서 쿡쿡거리며 웃음을 참고 있었다.

"이쯤 해서 주선자인 저는 빠질게요. 두 사람 좋은 시간 보내세요."

인기녀가 가고 나서 나예민은 쑥스러워서 아무 말도 못하고 있었다. 강동완을 보려고 하다 눈이라도 마주치면 놀라 고개를 숙였다. 강동완은 그런 나예민의 모습을 보고 웃으면서 말했다.

"저녁 시간인데 밥 먹으러 가요. 이 근처에 제가 아는 레스토랑이 있는데 가시죠."

둘은 '지나치게 친절한 레스토랑'에 들어갔다. 그곳에서 웨이터인 노세요가 두 사람을 반겼다.

"어서 오십시오. 지나치게 친절한 레스토랑의 노세요입니다. 정말 눈부신 한 쌍이십니다. 두 분을 위해 제가 특별히 창가 쪽으로 안내해 드리겠습니다."

둘은 창가에 앉았고 웨이터의 추천에 따라 안심 스테이크를 시켰다. 이런 레스토랑이 처음인 나예민은 혹시 실수라도 할까 봐 아무것도 손을 못 대고 있었다.

"예민 씨는 제가 어려운가 봐요."

"아, 아니요. 제가 사실 이런 곳은 처음이라서……."

"그러신가요? 앞으로 저랑 자주 와야겠네요."

나예민은 그 말을 들으니 가슴이 두근거렸다. 꼭 강동완이 자신에게 '난 당신이 맘에 들어요' 라고 말한 것 같았다. 그때 웨이터가 수프를 들고 왔다.

"수프 가져 왔습니다. 후춧가루를 뿌려 드릴까요?"

나예민은 눈을 동그랗게 뜨며 완강히 거부했다. 후춧가루를 뿌리면 바로 재채기가 나오기 때문이었다. 그러나 웨이터는 계속 우겼다.

"손님, 수프에 후춧가루를 뿌려 드셔야지 맛있답니다. 혹시 제가 뿌리는 게 못마땅하신가요? 그래도 전 이 레스토랑의 베테랑 웨이터입니다."

"괜찮다고요!"

웨이터는 나예민의 말을 무시하고 후춧가루를 뿌렸다. 그러자 잠시 후 나예민은 코가 간질간질하더니 이내 재채기가 나왔다.

"예민 씨, 괜찮아요?"

"아, 네. 에~취!"

나예민은 계속 재채기를 했고 콧물까지 나왔다. 강동완은 재채기를 하는 나예민을 걱정스런 눈빛으로 보다 나예민이 눈을 감으며 재채기를 했기 때문에 아무 말도 못하게 되자 잔뜩 굳은 표정으로 음식을 먹었다.

"오늘 즐거웠고 시간 내주셔서 감사합니다."

강동완은 나예민의 연락처도 묻지 않은 채 헤어졌고 그 후 연락은 오지 않았다. 인기녀를 통해 들은 뒷이야기는 이랬다. 강동완은 '자신이 마음에 들지 않아 나예민이 일부러 계속 재채기를 해 말도 못 붙이게 했다'고 오해하고 있다는 것이다.

"아흑, 맘에 안 들기는 무슨! 난 너무 황송해서 말도 제대로 못했는데. 재채기 때문에 모든 게 망했어!"

"그런데 왜 재채기를 한 거야? 그날 비가 와서 꽃가루가 날릴 일도 없었는데."

"후춧가루 때문에 그랬어. 그 웨이터가 내가 됐다고 해도 계속 우기면서 후춧가루를 뿌렸지 뭐야. 그때부터 헤어질 때까지 계속 재채기했어. 아, 강동완 씨 돌아와."

킹카인 강동완을 놓친 게 분했던 나예민은 이게 다 웨이터인 노세요 때문이라며 생물법정에 고소했다.

재채기는 자극적인 물질이 코 점막에 닿았을 경우
그 물질을 내보내기 위해 일으키는 일종의 반사 작용입니다.
만약 이 물질이 빠져나가지 않고 머물면서 자극할 경우
재채기가 계속 나오게 됩니다.

**후춧가루를 맡으면 왜 재채기가 날까요?**
생물법정에서 알아봅시다.

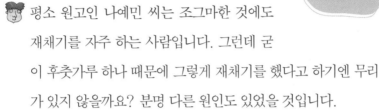

재판을 시작하겠습니다. 피고 측 변론하세요.

평소 원고인 나예민 씨는 조그마한 것에도 재채기를 자주 하는 사람입니다. 그런데 굳이 후춧가루 하나 때문에 그렇게 재채기를 했다고 하기엔 무리가 있지 않을까요? 분명 다른 원인도 있었을 것입니다.

원고 측 변론하세요.

이비인후과 전문의 후비세 씨를 증인으로 요청합니다.

두 손 가득 면봉을 쥐고 흰 가운을 입은 후비세 씨가 증
인석에 앉았다.

재채기는 왜 나는 것이죠?

재채기는 어떤 물질이 코의 점막에 붙어 자극했을 때 이 물질을 제거하기 위한 일종의 반사 작용입니다.

좀 더 자세하게 설명해 주시죠.

물질이 점막을 자극했을 때 폐 속에 공기를 잔뜩 들이마셨다가 기관지 근육을 강하게 수축시켜 짧은 순간에 분출하는 것입니다.

후춧가루를 맡으면 왜 재채기가 날까요?

후춧가루 속에 있는 피페린이란 성분 때문에 그렇습니다. 피페린은 휘발성이 아주 강한 가루입니다.

그런데 후춧가루 외에 고춧가루를 맡았을 때도 같은 이유입니까?

그렇습니다. 고춧가루도 후춧가루처럼 자극성 가루이기 때문이죠. 간혹 강한 빛 때문에 눈물이 분비되어 눈과 코 사이의 통로로 눈물이 빠져 코를 자극해 재채기를 하는 경우도 있습니다.

재채기를 계속하는 경우도 있는데 왜 그렇죠?

코 점막 내에서 자극시키는 물질이 쉽게 없어지지 않아서 그러는 경우도 있지만 급성 비염이나 알레르기성 비염 같은 경우에도 볼 수 있습니다. 따라서 재채기가 심할 때는 병원을 찾아 원인을 알고 치료를 하는 것이 좋습니다.

재채기를 할 때 눈을 감는 이유는 무엇이죠?

그것은 아주 빠른 속도로 숨을 내뱉기 때문에 순간적으로 눈이 튀어나올 수 있기 때문입니다. 재채기를 하면 우리 몸은 눈을 보호하기 위한 본능적인 반사 작용에 의해 눈을 감게 됩니다.

재채기는 자극적인 물질이 코 점막에 닿았을 경우 그 물질을 내보내기 위해 일으키는 일종의 반사 작용입니다. 만약 이 물질이 빠져나가지 않고 머물러 자극할 경우 재채기는 계속 나는 것이죠.

 판결합니다. 후춧가루에는 피페린이라는 휘발성 가루가 있어 코로 들어갈 경우 재채기를 유발합니다. 만약 피페린이 코에서 빠져나가지 않으면 계속 재채기를 할 수밖에 없으므로 멈추고 싶어도 멈출 수 없습니다. 따라서 후춧가루를 뿌리지 않아도 된다는 나예민 씨의 말을 무시하고 애써 후춧가루를 뿌려 나예민 씨의 재채기를 유발한 노세요 씨에게 어느 정도 책임이 있습니다.

판결 후 노세요는 나예민에게 무료 레스토랑 이용권을 선물로 주면서 사과했고 나예민은 강동완과 다시 만나 사랑하는 연인 사이로 발전했다.

---

🙍 알레르기

1906년에 오스트리아의 소아과 의사인 피르케가 처음으로 알레르기 개념을 주장했다. 알레르기는 그리스어로 '이색 작용' 이란 뜻이다. 프랑스의 리셰는 알레르기 현상에 대해 최초로 연구했다.

---

## 우리 몸은 어떻게 항상성을 유지할까요?

사계절 내내 우리의 체온은 늘 일정합니다. 그리고 운동을 열심히 하여 땀을 흘리면 목이 마르고 물을 많이 마시면 오줌이 많이 나옵니다. 왜 그런 것일까요?

우리의 몸은 외부나 몸 안의 환경이 변하더라도 늘 일정한 상태로 유지하려는 성질이 있는데 이것을 '항상성' 이라고 합니다. 항상성은 체내의 여러 조직들과 기관들이 서로 도와 유지하는데 이를 주관하는 것이 호르몬계와 신경계입니다. 그리고 이들의 대장은 간뇌에 있는 시상 하부라는 곳이지요. 시상 하부는 우리 몸에서 센서의 역할을 합니다. 즉, 외부나 내부의 환경 변화가 있으면 바로 감지합니다. 그 후 신경계나 호르몬계에게 변화에 맞춰 활동하라고 명령하지요. 참고로 신경계가 조절하는 것을 신경성 조절, 호르몬계가 조절하는 것을 체액성 조절이라고 합니다.

## 공이 날아오면 왜 눈을 꼭 감게 될까요?

우리는 공이 날아오면 나도 모르게 눈을 꼭 감게 됩니다. 그리고 뜨거운 냄비를 손에 댔을 때 생각하기도 전에 손부터 떼기도 하고 맛있는 음식 냄새가 나면 입 안에 침이 고이기도 합니다. 이처럼 우리의 의지와는 상관없이 일어나는 행동들을 반사 운동이라고 합니다. 반사 운동은 조건 반사와 무조건 반사로 나뉩니다.

조건 반사는 같은 자극을 계속 되풀이하여 익숙해지게끔 해 놓고 그 자극이 일어난 것처럼 하면 반응이 오는 것을 말하며 파블로프의 개 실험이 대표적인 조건 반사입니다.

파블로프는 개에게 종소리를 들려준 후 먹이를 주는 것을 반복했습니다. 그 후 종소리만 들려주어도 개는 먹이를 생각하며 침을 흘렸죠. 이처럼 조건 반사는 훈련 후 생기는 것이므로 후천적 반사라고 불립니다.

반면에 무조건 반사는 태어나면서부터 가진 반사 운동으로 척수와 연수가 담당하고 있습니다. 무조건 반사는 몸이 위험에 처했을 경우 신속하게 대처하여 생명을 보호하기 위해 존재합니다. 대표적인 무조건 반사는 눈에 위협을 가했을 때 눈을 감거나, 음식을 씹으면 침이 나오고, 입속 깊은 곳을 자극하면 토하게 되는 것과 재채기를 하는 것 등이죠.

# 인체 호르몬에 관한 사건

# 자연 요법 치료

해조류를 먹지 않으면 왜 갑상선에 이상이 생길까요?

회사원인 계을러는 요즘 들어 지루한 일상에 따분해하고 있었다. 오전 9시까지 출근인데 매일 저녁 늦게 잠들다 보니 아침에는 도통 일어나지 못해 지각하기 일쑤였다.

"지각대장, 오늘도 지각이야? 한 번만 더 지각하면 팀 회식인 거 알지?"

팀장의 은근한 협박에 계을러는 겉은 웃고 있었지만 속은 울고 있었다. 동료들은 전부 대식가들이라 회식 한 번 하면 계을러 월급의 절반이 날아갈 정도였기 때문이다.

"지각 좀 그만해. 그러다 진짜 회식비 낼라."

"그러게, 요즘 들어 의욕이 없어. 나 우울해."

"쯧쯧, 샐러리맨들의 비애지 뭐. 힘내!"

계을러는 기지개를 쭉 펴 보았지만 영 기운이 솟질 않았다. 자꾸만 따뜻한 이불 속이 생각나고 잠이 그리울 뿐이었다.

"오늘 점심은 뭐야?"

"몰라, 국밖에 기억이 안 나는데 미역국이었던 것 같아."

"으, 미역국 싫어. 난 안 먹을래."

"왜 그렇게 미역국을 싫어해? 미역국이 얼마나 맛있는데."

"어릴 때 미역국 먹다가 체해서 며칠 죽을 뻔했거든. 그래서 그 이후에 미역은 물론 미역하고 비슷하게 생긴 것들은 전부 절대로 안 먹어."

"참 기구하다. 그럼 먼저 먹으러 간다."

사람들이 점심을 먹으러 가고 텅 빈 사무실에 혼자 남은 계을러는 심심한 마음에 웹서핑을 하기로 마음먹었다. 그러던 중 우연히 한 요양 병원의 광고를 보게 되었다.

'대자연 속의 향기를 느껴 보세요. 우리 자연 요양 병원은 화학 약품을 쓰지 않습니다. 식이요법으로 당신의 건강을 찾으세요. 병을 고치고 싶으신 분, 휴식이 필요하신 분, 다이어트가 필요하신 분 모두 환영합니다.'

계을러는 휴식이 필요하신 분이라는 구절에서 눈을 뗄 수 없었다. 그리고 몸도 날이 갈수록 안 좋아지고 피부도 거칠거칠해지는 것이 영 좋지 않았다. 하지만 회사를 관두고 갈 수도 없는 노릇이었다. 그러나 언제나 기회는 오는 법이었다.

"자, 이번에 자연 요양 병원과 우리 회사가 연계해서 건강 검진 후 건강이 좋지 않은 사람들은 요양원에서 치료 받을 수 있게 되었어."

"자연 요양원이라면 식이요법으로 병을 고친다는 곳 아니에요?"

"병뿐만 아니라 다이어트도 된다던데?"

"우아, 좋다! 난 안 되려나?"

"일단 신청자를 받아서 건강 검진 후 통과니까 원하는 사람은 신청하세요."

계을러는 하늘이 주신 기회라고 생각하여 냉큼 신청했고 건강 검진을 받게 되었다.

"평소 어디가 안 좋으십니까?"

"요즘 들어 몸이 영 피로한 것이 회복되지 않고요, 또 피부도 거칠어지고 목 주변이 붓더라고요."

"흠, 증상을 보니 티록신 부족인 것 같군요. 혹시 떨어지게 되더라도 꼭 다른 병원을 찾아보시기 바랍니다."

티록신? 계을러는 티록신이 뭔 줄 몰랐다. 어쨌든 아프기는 아픈 거니까 잘 되겠지 하는 생각이 들었다. 그러나 계을러에게 입원 통보가 오지 않았다.

"뭐, 나보다 아픈 사람들이 많겠지."

그렇지만 괜히 섭섭했다. '나도 환자인데'라는 생각보다 며칠간 푹 쉴 기회가 사라진 것에 허탈했다. 하루하루가 지나고 계을러의 몸은 점점 더 안 좋아졌고 목은 더 붓기 시작했다.

"병원 가 봐야 하는 거 아냐?"

"괜찮아, 이 정도야 뭐……."

"을러 씨, 잠시 와 봐."

팀장이 계을러를 불렀다. 계을러는 순간 자기가 무슨 잘못을 해서 부르나 보다 해서 잔뜩 긴장했다.

"다름이 아니라 전에 요양 병원 신청한 거 있지? 한 명이 이직을 하는 바람에 을러 씨가 들어가게 됐어. 모레부터 입원이니까 준비하도록!"

계을러는 세상을 다 가진 듯 좋아했다.

"가서 푹 쉬다 오라고. 요즘 영 안 좋아 보여."

"그래, 나대신 수고!"

계을러는 노래를 흥얼거리며 짐을 쌌다. 하늘은 간절히 원하는 사람의 소원은 꼭 들어주신다는 말이 맞는 듯했다.

"어서 오세요. 자연 요양 병원에 오신 것을 환영합니다. 친절히 모시겠습니다. 계을러 환자 분의 입원실은 3층입니다. 곧 주치의가 진찰하러 갈 겁니다."

요양 병원인데 계을러는 여행을 온 기분이었다. 병원 시설도 깨끗

했고 주변 환경도 정말 좋았다. 계을러는 설레는 마음으로 입원실로 들어갔다. 꿈을 꾸는 것 같은 기분, 계을러는 이 꿈에서 깨고 싶지 않았다.

"안녕하세요? 전 계을러 씨의 주치의인 허주니입니다. 진단 소견이 갑상선종이군요. 어휴! 조금만 늦게 오셨으면 큰일 날 뻔하셨네요. 오늘 저녁부터 식이요법 들어갑니다."

갑상선 부종이면 어떠하리, 병원비도 공짜고 모처럼의 휴가인데 계을러는 주치의가 뭐라고 하든지 상관없었다. 그러나 요양 병원 생활이 다 좋지만은 않았다.

"계을러 씨, 저녁 나왔습니다."

"감사합니다. 그런데 전부 해조류네요? 전 해조류 못 먹는데 다른 음식 주시면 안 돼요?"

"안 됩니다."

병원 직원은 딱 잘라 거절하고는 나갔다. 계을러는 해조류만 달랑 있는 식단이 마음에 들지 않았지만 배가 너무 고파 물에 밥을 말아 꾸역꾸역 먹었다. 그러나 그게 끝이 아니었다. 아침도, 점심도, 저녁도 계속 해조류만 나왔다.

"저보고 밥 먹지 말라는 소리예요? 전 해조류 싫어한다니까요!"

"저희는 주치의의 처방대로 음식을 만들 뿐이에요. 어서 드세요."

계을러는 더 이상 참을 수 없었다. 아무리 식이요법이라지만 싫어하는 음식들만 내는 건 거의 고문 수준이었기 때문이다.

"이봐요, 주치의 양반! 정말 식이요법으로 병 고치는 거 맞아요?"

"네, 게을러 씨는 갑상선종이라 해조류를 처방했을 텐데요."

"전 해조류를 정말로 싫어한다고요! 차라리 약을 주세요."

"저희 병원은 약을 처방하지 않습니다. 그보다 병이 더 심해지기 전에 어서 식사를 하세요."

주치의도 마찬가지였다. 그래서 결국 배고픈 게을러는 한밤중에 탈출을 시도하여 야식집으로 가서 배를 채웠다. 떡볶이를 질경질경 씹어 먹으며 아무리 생각해 봐도 괘씸할 뿐이었다.

"아무리 생각해도 이상하네. 여기 혹시 사이비 아니야? 내 참, 나 보고 병 있다고 해 놓고 내가 제일 싫어하는 것들만 먹으라고 하면 어쩌겠다는 거야?"

게을러는 그 길로 당장 집으로 돌아가 자연 요양 병원을 생물법정에 고소했다.

티록신은 갑상선에서 만들어지는 호르몬으로서 우리 몸의
신진대사를 활발하게 해 줍니다. 요오드는 티록신을 만드는 재료인데
만일 이것이 부족하게 되면 티록신을 만들 수 없어
갑상선이 부어올라 갑상선종이라는 병이 생깁니다.

 갑상선종과 해조류는 무슨 관련이 있을까요?
생물법정에서 알아봅시다.

 판결을 시작하겠습니다. 원고 측 변론하세요.

원고는 갑상선종이라는 병을 앓고 있었습니다. 갑상선종은 목에 있는 갑상선에서 분비되는 티록신이 부족하여 갑상선이 커지는 병입니다. 병이 생겼으면 적절한 약물로 치료해야지 음식으로만 병을 고친다는 것은 말도 안 됩니다.

피고 측 변론하세요.

병을 고치기 전에 병이 생긴 원인부터 제대로 알아야 할 것입니다. 내과 전문의인 명의사 씨를 증인으로 요청합니다.

날카로운 인상에 하얀 가운을 입고 청진기를 목에 건 명의사 씨가 증인석에 앉았다.

티록신은 무엇인가요?

사람 목에 있는 갑상선이라는 곳에서 분비되는 호르몬입니다. 티록신은 심장과 혈관의 활동을 돕고 체온과 땀을 조절하는데, 특히 우리 몸의 신진대사를 활발하게 해 줍니다.

 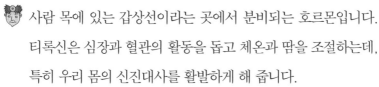

티록신은 어떻게 분비되나요?

우선 뇌 중 간뇌에는 시상 하부라는 것이 있습니다. 시상 하부는 우리 몸에 티록신이 어느 정도 있는지 알 수 있는 센서가 있지요. 만약 티록신이 부족하면 시상 하부에서는 호르몬의 분비를 조종하는 뇌하수체에게 티록신이 부족하다고 명령을 내립니다. 명령을 받은 뇌하수체는 갑상선에게 티록신을 만들어서 내보내라고 명령하죠. 반대로 티록신이 많으면 시상 하부와 뇌하수체를 거쳐 갑상선에게 티록신을 그만 내보내라고 명령합니다. 이런 식으로 조절하여 우리 몸 안에는 늘 일정한 티록신이 있는 것이죠.

갑상선종은 어떻게 생기는 건가요?

갑상선에서 티록신을 만들 수 없을 때 생깁니다. 티록신을 만들지 못하면 몸속에 티록신이 부족해지고 시상 하부에서 이를 알고 뇌하수체를 통해 갑상선에게 어서 티록신을 만들라고 명령을 내리죠. 하지만 갑상선에서는 만들 수 없는 티록신을 자꾸 만들려고 노력하다 보니 커지게 되는 것이죠.

갑상선이 티록신을 왜 만들지 못하는 거죠?

여러 가지 원인이 있지만 가장 큰 원인은 요오드라는 영양소가 부족하기 때문입니다. 요오드는 갑상선이 티록신을 만들 때 쓰는 재료인데 요오드가 없을 경우 티록신을 만들 수 없습니다.

티록신을 만들려면 요오드를 적절히 섭취해야겠군요. 요오드

가 많이 들어 있는 음식은 무엇일까요?

김이나 미역 등의 해조류입니다. 임산부가 아기를 낳고 미역국을 먹는 이유도 미역 속의 요오드를 섭취하여 티록신을 많이 만들어 신진대사를 활발히 하기 위해서이지요.

원고인 계을러 씨는 평소 해조류를 싫어해 잘 먹지 않았고 이 때문에 티록신을 만들 요오드가 부족해 티록신이 많이 부족했을 것입니다. 그래서 갑상선종이라는 병이 생긴 것이지요. 따라서 자연 요양 병원은 티록신을 만드는 재료인 요오드가 많이 들어간 해조류를 먹여 갑상선종을 치료하려고 했습니다. 그러나 이런 처방을 믿지 않고 끝까지 해조류 섭취를 거부한 계을러 씨에게 문제가 있습니다.

판결합니다. 티록신은 갑상선에서 만들어지는 호르몬으로 우리 몸의 신진대사를 활발히 해 주는 역할을 합니다. 요오드는 티록신을 만드는 재료인데 만일 이것이 부족하게 되면 티록신을 만들 수 없어 갑상선이 부어올라 갑상선종이라는 병이 생깁니다. 원고인 계을러 씨는 요오드가 풍부한 해조류를 먹지 않아 요오드가 부족했고 티록신을 만들 수 없어 갑상선종에 걸렸을 수도 있습니다. 그러니 우선 해조류가 싫다고 하더라도 먹으려고 노력을 하고 그래도 낫지 않으면 병원을 찾아 정확한 원인을 알고 치료하기 바랍니다.

판결 후 계을러는 해조류를 먹으려고 노력했다. 그리고 병원 치료와 병행하여 갑상선종을 말끔히 치료했다.

 갑상선

갑상선은 티록신과 칼시토닌을 분비한다. 티록신은 물질대사를 촉진시키고 적게 분비하면 크레틴병에 걸리며 많이 분비하면 바제도병에 걸린다. 칼시토닌은 뼈에서 칼슘이 나오는 것을 막아 핏속의 칼슘 농도를 낮추는 역할을 한다.

# 웃음 치료

매일 웃기만 해도 모든 병을 치유할 수 있을까요?

"아우, 배야!"

"또 배탈 타령이야? 넌 어째 매일 배가 아프다고 하니?"

"정말 아프단 말이야."

"시험 때마다 행사다, 정말!"

노대범은 배를 움켜쥐고 얼굴을 잔뜩 찡그리고 있었다. 시험 때마다 어김없이 찾아오는 복통, 이제는 밥만 먹었다 하면 배탈이 났다.

"선생님, 배가 아픈데 약 좀 주세요."

"계속 약 먹으면 나중에는 제대로 소화 못 시킨다."

양호 선생님은 혀를 끌끌 차며 약을 주었다. 배가 아플 때마다 먹는 분홍색 알약, 그러나 이제 이 약도 듣지 않았다.

"다음 시험이 뭐지?"

"수학 시험이잖아."

"끄윽, 큰일이네."

"약 먹었으니까 괜찮겠지."

노대범은 심호흡을 하며 '제발 아프지 말자. 마음 편히 먹자' 다짐했다. 이번 시험마저 망쳤다가는 집에서 어떤 불호령이 떨어질지 모르기 때문이다.

"자, 줄 맞추고. 조금이라도 수상하면 바로 시험지 찢는다. 알겠나?"

하필이면 이번 시험 감독 선생님은 제일 꼼꼼하기로 소문난 학생주임이었다. 거기다 자신의 과목인 수학이 아니던가!

선생님은 일일이 한 명씩 잘 풀고 있나 유심히 살펴보며 돌아다니고 있었다.

'아, 이 문제 뭐였지? 으악, 모르겠다.'

노대범은 머릿속이 복잡해지기 시작했다. 그런데 그때 선생님이 노대범의 옆에 서서 그의 시험지를 유심히 살펴보고 있었다. 긴장한 탓인지 슬슬 또 배가 아파 오기 시작했다.

'안 돼, 제발 아프지 마. 제발!'

그러나 배가 말을 듣지 않고 요동을 쳤다. 바늘로 쿡쿡 쑤시는 것 같은 고통에 더 이상 참을 수 없었다.

"서, 선생님! 화, 화장실 좀⋯⋯."

"뭐? 지금 시험 치는데 무슨 화장실이야. 이 녀석 커닝하려고 하는 거지? 안 돼!"

"선생님, 제발 살려 주세요. 제 시험지 내고요, 소지품 검사해 보세요. 없죠? 없죠? 제발요."

"알았다. 후딱 다녀와."

노대범은 빛의 속도로 화장실에 뛰어갔다. 그러면서 배를 툭툭 치며 자신의 배를 원망했다.

"휴, 시험 다 끝났다. 너 잘 봤어? 또 화장실 가더니만."

"그 덕에 뒤에 있던 여섯 문제 다 찍었어."

"쯧, 너 병 있는 거 아냐? 매 시험마다 그러냐."

"아흑, 몰라! 말 시키지 마. 이 형 오늘 너무 우울하시다."

"넌 매 시험마다 우울했잖아. 기운 내라."

노대범은 시험이 끝난 후 터벅터벅 걸으며 집으로 향했다. 늘 시험 때마다 반복되는 복통에 이제 진저리가 났다.

"시험 잘 봤니? 오늘 끝이었지?"

"못 봤어요. 아악!"

"깜짝이야, 갑자기 소리는 지르고 그러니?"

"엄마, 나 오늘도 배가 아파서 시험 망쳤어요. 매번 이래, 매번!"

"흠, 옆집 진숙이 엄마가 그러는데 약 없이도 병을 고칠 수 있는 요양원이 생겼다지 뭐니."

"그거 사이비 아니에요?"

"아니야, 효과 본 사람들이 많다던데? 너도 이번 방학 때 가 봐. 엄마가 예약해 놓을게."

노대범은 여름 방학이 시작되자마자 엄마가 예약해 놓은 스마일 요양원에 입소하게 되었다.

"어서 오세요, 노대범 군! 어디가 아파서 왔나요?"

"전 긴장만 하면 배가 아파요."

"오, 그럼 우리 요양원에 잘 왔어요. 꼭 완치되어서 나갈 테니 걱정 말아요."

친절한 요양원장은 노대범을 보면서 웃었다. 노대범은 그 웃음 속에서 왠지 완치될 것만 같은 기대감에 부풀었다.

"안녕하세요? 하하!"

"하하, 오늘 날씨가 좋죠?"

"그러게요. 하하! 흠, 공기도 상쾌하고 좋네요. 깔깔!"

'뭐야, 계속 웃으면서 이야기하잖아. 웃음가스라도 마신 건가?'

노대범은 복도를 지날 때마다 요양원에 입소한 사람들이 웃으면서 이야기를 하는 것을 보았다.

입소한 사람뿐만 아니라 요양원 내의 모든 사람들이 별것도 아닌 것 가지고 크게 웃었다. 그뿐만이 아니었다.

"아아, 하하하! 여러분, 안녕하세요? 오늘의 단체 집중 치료 시간은 오후 2시입니다. 깔깔깔! 모두 대강당으로 모여 주세요. 스마일!"

요양원 내 방송도 처음부터 끝까지 웃음으로 끝나는 것이었다. 그러나 처음으로 받는 치료라 내심 무슨 치료일까 궁금해졌다.

"자, 하루를 시작하는 웃음. 하하하!"

"하하하!"

"네, 좋아요. 오늘도 크게 웃어 보자고요. 숨을 크게 들이마시고, 하하하!"

"하하하!"

"웃으면 기분이 좋아지고 건강도 좋아져요. 다시 한 번, 하하하!"

"하하하!"

집중 치료 시간 내내 사람들은 웃기만 했다. 노대범은 갑자기 어리둥절해서 웃지도 못하고 어색하게 서 있었다.

"거기 안 웃는 학생! 이리 무대로 올라와요."

멍하게 있던 노대범은 화들짝 놀랐다. 주변의 시선이 자신에게 꽂혀 도저히 그 자리에 서 있을 수가 없었다.

"학생은 왜 안 웃죠?"

"아, 저, 그게…… 갑자기 웃으라고 해서 어떻게 해야 할지 모르겠어요."

"그냥 웃으면 돼요. 자, 따라해 봐요. 하하하!"

"하하하!"

노대범은 소심한 성격에 차마 시키는 대로 크게 웃을 수 없었다. 그래서 입을 작게 벌리고 소리만 냈더니 그곳의 모든 사람들이 까르르 웃었다.

노대범은 순간 얼굴이 새빨개져 고개를 들 수 없었다. 거기다 갑자기 배까지 아프기 시작해 결국 또 화장실에 갈 수밖에 없었다.

"대범아, 잘 있니? 어때, 괜찮아?"

"엄마, 여기 이상해요. 전부 사람들이 웃기만 하고."

"다행이네, 그래도 우울한 것보다는 낫네."

"아니, 엄마! 내 말 좀 들어 봐요."

"어머, 대범아! 이만 끊어야 할 것 같구나. 다음에 통화하자. 미안해!"

이 이상한 요양원에서 구출해 줄 거라 믿었던 엄마가 전화를 끊어 버렸다. 노대범은 어쩔 수 없이 원장을 만나 일대일 면담을 해야만 했다.

"노대범 군, 집중 치료 시간에도 개별 치료 시간에도 참여를 잘하지 않는다고 하는데 무슨 이유라도 있나요?"

"치료요? 웃음으로 시작해서 웃음으로 끝나는 게 치료예요?"

"그럼요, 우리 요양원의 자랑이라고 할 수 있죠."

"하지만 제 병은 낫지 않았어요."

"그거야 노대범 군이 웃지 않으니 그렇죠."

"웃음이랑 치료랑 무슨 상관이 있다는 거죠?"

"웃음이 만병통치약이라는 사실을 아직 잘 모르는군요."

"어쨌든 전 더 이상 여기 못 있겠으니까 어서 나머지 돈을 환불해 주세요."

"우리 규정상 환불은 되지 않습니다."

"뭐 이런 곳이 다 있어! 이 요양원 사이비라고 고소하겠어요."

웃음은 면역력을 키워 주는 확실한 항암 치료제입니다.
소리 내어 웃으면 엔도르핀과 엔케팔린이라는 호르몬이 분비되는데
이 호르몬들은 통증을 억제할 뿐만 아니라 암세포를 잡아먹는
NK라는 세포를 증가시켜 줍니다.

여기는 **생물법정**

**웃음은 정말 만병통치약일까요?**
생물법정에서 알아봅시다.

 원고 측 변론하세요.

 아하하하, 아하하하!

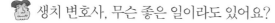 생치 변호사, 무슨 좋은 일이라도 있어요?

아닙니다, 판사님! 제가 지금 감기에 걸렸는데 웃으면 과연 나
을까 싶어서 실험해 본 것입니다. 그런데 아무리 웃어도 감기는
쉽게 떨어지지 않는군요. 피고 측의 주장대로라면 감기가 나아
야 하는데 말이죠. 병의 종류도 다양하고 원인도 다양합니다.
그런데 웃는다고 해서 그게 다 나아질까요? 의문이 듭니다.

피고 측 변론하세요.

최근 병을 치료하는 방법으로 웃음 치료를 병행하는 병원들이
늘고 있다고 합니다. 과연 웃으면 무엇이 좋아질까요? 웃음 치
료사 깔깔이 씨를 증인으로 요청합니다.

법정 멀리서부터 깔깔거리는 소리가 들리더니 깔깔이
씨가 법정이 떠나가도록 깔깔거리고 웃으며 증인석에 앉
았다.

🙂 웃음 치료사라고 하시더니 항상 웃으시나 봐요.

😄 그렇죠. 웃음이 얼마나 좋은데요.

🙂 웃음 치료라는 게 뭐죠?

😁 말 그대로 웃게 해서 병 치료를 한다는 것이죠. 실제로 암 치료를 할 때 웃음 치료를 병행하는 경우도 늘어나고 있어요.

🙂 웃으면 암을 치료하는 데 도움이 되나요?

😁 물론이죠. 웃음은 면역력을 키워 주는 확실한 항암제랍니다. 소리 내어 웃으면 엔도르핀과 엔케팔린이라는 호르몬이 분비되는데 이 호르몬들은 통증을 억제할 뿐만 아니라 암세포를 잡아먹는 NK라는 세포를 증가시켜 주죠. 실제로 웃음 치료를 받은 암 환자 면역 수치가 3,000에서 5,400까지 올라간 적도 있답니다.

🙂 다른 질병에도 도움을 줄 수 있을까요?

😄 웃으면 면역력이 크게 증가하기 때문에 감기 등 면역이 필요한 모든 질병에 적용할 수 있어요.

🙂 병 치료 외에 다른 효과들도 있나요?

😁 15초 동안 크게 웃으면 이틀 동안 수명이 연장된다는 이야기도 있습니다. 또 1분 동안 크게 웃으면 10분간 빠르게 걸은 것과 같은 운동 효과를 보이죠.

🙂 웃음이 운동 효과를 보인다면 다이어트에도 도움이 될까요?

😄 유용하게 쓰일 겁니다. 10분에서 15분 동안 웃을 경우 중간 크

기 초콜릿 한 개에 해당하는 열량(평균 40~50칼로리)이 소모된
답니다. 매일 이렇게 웃으면 1년에 2킬로그램을 감량하는 결
과를 가져올 수 있지요.

원고인 노대범 군에게 웃음 치료는 적절할까요?

네, 노대범 군은 쉽게 긴장하고 스트레스에 약한 것 같은데 웃
음은 교감 신경을 억제하는 부교감 신경을 자극하여 몸을 편안
하게 해 주고 스트레스와 분노, 긴장 등을 완화시켜 주죠.

어떻게 웃으면 가장 큰 효과를 얻을 수 있나요?

길게, 크게 웃어야 합니다. 적어도 10초 이상은 웃어야 효과가
나타나지요. 웃음의 효과가 가장 큰 시점은 10초에서 15초 사
이랍니다. 그리고 온몸으로 웃는 것도 좋은 방법이지요.

하지만 억지로 웃으면 효과가 안 나타날 수도 있지 않을까요?

물론 자연스러운 웃음보다는 못하겠지만 억지로 웃는 표정을
짓는 것도 실제로 뇌를 자극해 건강에 큰 도움을 주는 것으로
밝혀졌어요.

좋은 말씀 감사합니다. 존경하는 재판장님, 웃음 치료는 부작
용이 없는 치료로 알려져 있습니다. 최근 들어 웃음 치료를 시
도하는 병원들도 늘고 있고 효과를 본 환자들도 많습니다. 그
리고 노대범 군과 같이 스트레스와 긴장에 약한 사람들도 웃음
치료로 극복할 수 있습니다.

판결합니다. 웃으면 면역력이 높아져 감기나 암 등 면역력이

필요한 병 치료에 효과가 있으며, 운동 효과도 있어 다이어트
에도 도움이 됩니다. 그러나 아직 웃음 치료만이 병 치료의 전
부는 아니며 자신의 병에 맞는 치료와 병행해야 가장 큰 효과
를 볼 수 있을 것입니다.

판결 후 노대범은 다시 병원을 찾았고 병원 치료와 웃음 치료를 병
행한 끝에 병을 고칠 수 있었고 또 예전보다 성격도 훨씬 밝아졌다.

 웃음

웃음에는 가짜로 웃는 웃음과 진짜로 웃는 웃음이 있다. 가짜로 웃는 웃음은 입만 움직이고 눈 주위
의 근육이 움직이지 않지만, 진짜로 웃는 웃음은 입과 동시에 눈 주위의 근육이 움직이므로 두 웃음
을 간단하게 구별할 수 있다.

# 내가 당뇨병이라고?

혈당 검사는 왜 식사 후 3시간이 지난 뒤에 해야 하나요?

사건속으로

　　헬스장 사장인 한건강 씨는 잔병치레 없는 건강
한 사람이었다. 오히려 건강이 넘쳐서 배에 왕(王)
자 근육은 물론 미스터 과학공화국 선발 대회에서
상도 받을 만큼 꿍장한 몸매를 과시했다. 헬스장에는 늘 운동하는
사람들로 넘쳤고 연예인들도 많이 찾았다. 그 때문에 한건강 씨는
바빴지만 행복한 마음으로 하루하루를 살았다.

　　"사장님, 전화 왔습니다."

　　"네, 여보세요. 한건강입니다. 네, 진 피디님! 저야 잘 있죠. 건강 프
로그램에 나와 줄 수 없냐고요? 당연히 나가야죠. 허허! 영광입니다."

한건강은 오락 프로그램의 운동을 권장하는 코너에 출연하기로 결정했다. 이렇듯 한건강은 TV에도 자주 출연하여 연예인처럼 꽤 유명한 사람이었다.

"여보, 오늘 점심은 동창 모임이 있어서 나가 봐야 할 것 같아요. 점심은 식탁에 차려 놓았으니까 먹어요."

"알았어, 잘 다녀와. 즐거운 시간 보내고."

모처럼의 휴일, 한건강은 혼자서 텔레비전을 보면서 집에 있는 헬스 기구로 운동을 하다가 외출하기 전 아내가 차려 놓은 점심을 혼자 먹었다.

"오늘따라 밥이 맛있네. 더 먹어야지."

한건강은 운동을 한 뒤여서 그런지 밥이 맛있게 느껴져 평소보다 많은 양을 먹었다. 배가 불러 소파에 앉아 휴식을 취하고 있는데 초인종이 울렸다.

"누구세요?"

"실례합니다. 수상한 사람 아니니 문 좀 열어 주세요."

한건강은 이상하다 싶었지만 인터폰 너머로 아주머니 한 명밖에 없다는 사실을 알고 문을 열어 주었다.

"어머머, 한건강 씨 아니세요? 이런 영광일 때가……."

아주머니는 막무가내로 한건강의 집 안으로 들어왔다. 당황한 한건강을 보며 아주머니는 지나치게 친절한 태도로 웃으면서 말했다.

"제 소개가 늦었네요. 저로 말할 것 같으면 국민들의 건강을 책임지는 건강 설계사 사기녀입니다. 호호!"

사기녀는 명함을 내밀면서 자신의 큰 짐을 거실에 내려놓고 자기 집에 온 마냥 풀썩 앉아서 한건강에게 물 한 잔만 달라고 청했다. 어안이 벙벙한 한건강은 일단 물 한 잔을 주고 어서 나가기만을 기다렸다.

"텔레비전에서 보던 것보다 훨씬 건강한 몸매시네요. 호호! 그렇지만 아무리 운동을 열심히 해도 당뇨병에 걸릴 수도 있죠. 한건강 씨니까 특별히 제가 당뇨병 체크를 무료로 해 드릴게요."

"이러시지 않으셔도 됩니다만……."

사기녀는 한건강의 말을 무시하고 막무가내로 당뇨병 체크를 했다.

"어머, 이것 보세요. 혈당량이 정상치보다 높다고 나오죠? 제가 안 해 드렸으면 큰일 날 뻔했네."

"무슨 말씀이세요?"

"아무리 운동을 많이 하고 건강해도 당뇨병에 걸릴 수 있어요. 당뇨병이 얼마나 무서운 병인데요. 초기에 잡아야 한다고요."

"얼마 전에 건강 검진 받았는데 정상이라고 했는데……."

"얼마 전과 지금과는 다르죠. 제 주변의 사람도 건강 검진만 믿다가 당뇨병에 걸려서 지금도 고생하고 있어요."

"그래요?"

"그럼요, 하지만 그 사람은 제가 준 당뇨병 약으로 벌써 다 나았답니다. 여기 제가 들고 온 약이 그 약이에요."

사기녀의 장황한 설명에 빨려든 한건강은 결국 사기녀의 약을 사게 되었다. 모임에서 돌아온 아내는 한건강을 한심하다는 눈빛으로 바라보았다.

"여보, 방문 판매가 얼마나 믿을 수 없고 위험한 건 줄 몰라요?"

"하지만 당뇨 수치 체크를 해 보니까 내가 정상보다 높다고 하잖아. 당뇨병이 얼마나 무서운 병인데……."

"그렇긴 하지만 그래도 약을 덜컥 사 버리면 어떻게 해요?"

"뭐, 밑져야 본전이지."

한건강은 사기녀로부터 산 약을 처음엔 잘 챙겨 먹었지만 워낙 약 먹는 게 익숙하지 않아 나중에는 약을 잊고 안 먹기 일쑤였다. 이러다 큰일 나면 어쩌지? 하고 걱정되기도 했지만 약을 먹으나 안 먹으나 아무런 변화가 없었기 때문에 크게 신경 쓰지 않고 있었다.

"여보세요. 네, 서 피디님! 이번에 출연하기 전에 건강 검진부터 받아야 한다고요? 언제 병원에 가면 되는 거죠? 네, 알겠습니다."

한건강은 건강 프로그램의 섭외를 받았다. 이 프로그램은 매 주마다 다른 병을 주제로 진행을 하는데 출연자들은 프로그램 녹화 전에 주제에 관한 병 검사를 받아야 했다.

"안녕하세요? 시청자 여러분! 오늘 건강 비타민 시간에는 당뇨병에 대해 알아보도록 하겠습니다. 오늘 게스트를 소개하겠습니다. 먼저 나이가 전부는 아니라고 외치는 우리의 노실장 탤런트 노대발 씨! 하이틴 스타에서 이제는 발랄한 주부로 변신한 탤런트 이예민

씨! 과학공화국의 건강남 한건강 씨!"

건강 프로그램의 주제는 당뇨병이었다. 한건강은 주제를 보는 순간 갑자기 약을 잘 챙겨 먹지 않은 사실에 걱정이 앞섰다.

"네, 이번에는 게스트 분들의 당뇨병 지수를 알아보도록 하겠습니다. 먼저 과학공화국의 대표 건강남 한건강 씨부터 나와 보세요."

한건강은 주춤거리다 멋쩍은 듯 웃으면서 앞에 섰다.

"한건강 씨는 미스터 과학공화국 출신이고요, 지금은 헬스장을 운영하고 계십니다. 과연 한건강 씨의 당뇨병 지수는 몇일까요?"

긴장감 속에 빨간 불과 초록 불이 왔다 갔다 했고 한건강은 눈을 질끈 감았다. 그러나 잠시 후 사람들의 박수 소리가 들렸고 살며시 눈을 떠 보니 초록 불이 켜져 있었다. 당뇨병에 대해 설명해 주기 위해 나온 당뇨병 전문 의사 주치의가 말을 이었다.

"네, 한건강 씨는 검사 결과 지극히 정상적인 혈당량이었으며 호르몬 분비도 매우 양호한 상태였습니다."

매우 건강한 몸이라니 좋기는 하지만 어리둥절했다. 불과 얼마 전에 사기녀가 그대로 놔두면 당뇨병에 걸린다고 호들갑 떨지 않았던가? 이게 어떻게 된 일인지 궁금해서 약을 들고 병원으로 찾아갔다.

"제가 얼마 전에 방문 판매를 통해 약을 구입했는데, 이 약이 당뇨병 예방에 효과가 있는 겁니까? 당뇨병 체크를 하니 당뇨병에 걸릴 수도 있다면서 그랬거든요."

같은 프로그램에 출연했던 당뇨병 전문 의사 주치의는 약을 찬찬히 살펴보더니 호탕하게 웃으면서 말했다.

"이건 보통 건강 보조 식품 같네요. 한건강 씨는 당뇨병과는 거리가 멀다고 검사 결과에 나왔는걸요?"

한건강은 바로 사기녀에게 전화를 걸었다. 사기녀는 방문 판매 때와 마찬가지로 매우 사근사근하게 말했다.

"한건강 씨 아니세요? 제 약을 먹고 나서 몸은 괜찮으신가요? 왜또 약 사시게요?"

"이것 봐요, 사기녀 씨! 제가 당뇨라고요? 어이가 없어서! 병원에 가니까 지극히 정상이랍니다, 정상! 그런데 저에게 당뇨병이라고 협박해서 약을 팔아요? 이런 사기꾼!"

"어머머, 사기꾼이라니! 허, 약을 산 건 당신이었잖아요. 전 협박한 적도 없고요."

"어쨌든, 약값 환불해 주세요. 이런 기가 막힌 일은 처음 겪어보네."

"미안하지만 약을 이미 드셨기 때문에 환불해 드릴 수 없어요."

사기녀는 매우 차가운 목소리로 전화를 뚝 끊어 버렸고 그 후 전화를 받지 않았다. 한건강은 사기를 당했다고 생각하여 사기녀를 생물법정에 고소했다.

당뇨병은 혈액 내에 포도당의 양이 기준치보다 많을 경우
높은 혈당을 조절해 주는 인슐린이 부족할 때 생깁니다.
혈액 내의 포도당은 0.1퍼센트가 가장 적당하며
그 이상이 될 경우 당뇨병이라고 판정됩니다.

여기는 생물법정

당뇨병은 무엇일까요?
생물법정에서 알아봅시다.

재판을 시작하겠습니다. 피고 측 변론하세요.

제가 가지고 나온 것은 시중에서 흔히 구할 수 있는 혈당 측정기입니다. 피고인 사기녀 씨는 원고인 한건강 씨에게 이 혈당 측정기로 혈액 속의 포도당의 양, 즉 혈당량을 쟀고 그 결과 당뇨병이라는 결과가 나왔습니다. 그래서 사기녀 씨는 당뇨병에 좋다는 약을 권했고 그것을 산 건 한건강 씨였습니다. 따라서 사기녀 씨는 아무 잘못이 없습니다.

원고 측 변론하세요.

한건강 씨는 병원에서 검사 결과 혈당량이 정상이라고 나왔습니다. 그런데 혈당 측정기에서는 왜 혈당 수치가 높다고 했을까요? 내과 전문의인 명의사 씨를 증인으로 요청합니다.

날카로운 인상에 하얀 가운을 입고 청진기를 목에 건 명의사 씨가 증인석에 앉았다.

당뇨병은 무엇이죠?

쉽게 말해 혈액 내 포도당의 양이 너무 많을 때 생기는 병을 말합니다.

혈액 내에 어느 정도의 포도당이 있어야 합니까?

정상적인 사람의 혈액 속에는 보통 0.1퍼센트 정도의 포도당이 있어야 합니다.

당뇨병은 왜 생기는 거죠?

포도당을 간에 저장하게 해 주는 인슐린이라는 호르몬이 부족하기 때문입니다.

당뇨병에 걸리면 어떻게 되죠?

혈액 내에 포도당이 많아지게 되면 혈액 속에 쌓이기만 하고 정작 필요한 조직에는 사용할 수 없게 됩니다. 또 혈액 속에 쌓인 포도당은 심장이나 뇌, 신장, 눈, 팔다리의 기관들에게 손상을 입힙니다.

당뇨병 검사는 언제 합니까?

혈당량이 일정하게 유지되는 식후 3시간 이후가 가장 좋습니다.

밥 먹고 난 직후는 안 될까요?

그렇게 되면 당뇨병이라는 오판이 날 수도 있습니다.

왜 그런 것이죠?

보통 정상적인 사람이 다량의 식사를 했을 경우 식사 직후에는 당의 수치가 높게 나옵니다. 그 후 인슐린이 분비되어 당의 수치를 낮춰 주죠.

꽤 오래 걸리는 편이군요.

보통 호르몬은 간뇌의 시상 하부가 몸의 이상을 감지하고 호르몬을 분비하는 곳에 명령을 내리기 때문에 시간이 좀 걸리는 편입니다.

반대로 혈당이 낮으면 어떻게 되나요?

마찬가지로 간뇌의 시상 하부가 혈당량이 낮다는 걸 인지하고 호르몬인 글루카곤을 내보내라고 명령합니다. 글루카곤은 간에 저장된 포도당을 혈액으로 내보내는 역할을 합니다. 또 아드레날린과 당질 코르티코이드라는 호르몬도 글루카곤과 같은 역할을 합니다.

당뇨병은 혈액 내에 포도당의 양이 정상인 사람보다 많은 것을 말하며 이는 높은 혈당을 조절해 주는 인슐린이라는 호르몬이 부족해서 나타난 것입니다. 당뇨병을 측정하려면 식사 직후에 하면 정확하지 않고 3시간 이후에 하는 것이 가장 좋습니다.

판결합니다. 혈액 내의 포도당은 0.1퍼센트가 가장 적당하며 그 이상이 될 경우 당뇨병이라고 판단합니다. 그러나 당뇨병 측정은 식사 후 3시간 정도가 가장 적당하며 만일 식사 직후에 검사한다면 당뇨병이라는 엉뚱한 결과가 나올 수 있습니다. 한 건강 씨는 식사 직후 당뇨병 검사를 했으므로 당뇨병이라고 나왔을 확률이 대단히 높습니다. 따라서 당뇨병을 예방해야 한다

며 건강 보조 식품을 강제로 사게 한 사기녀 씨는 약값을 환불
해 주시기 바랍니다.

판결 후, 사기녀에게 건강 보조 식품을 샀던 사람들이 한꺼번에 배
상하라고 법정에 고소하는 바람에 생물법정은 한동안 무척 바빴다.

 당뇨

정상적인 사람의 핏속에는 0.1퍼센트 정도의 포도당이 들어 있다. 이보다 높은 비율로 포도당이 들
어 있으면 필요한 포도당을 제외한 나머지가 소변에 섞여 배출되는데 이것을 당뇨병이라고 한다.

# 모델 지망생 나작아

성장판이 닫혀 버렸는데도 키를 크게 할 수 있는 방법이 있을까요?

고등학교 2학년 여학생인 나작아는 또래 여학생들보다 키가 작았다. 거기다 피부도 까무잡잡해서 친구들 사이에서 '커피땅콩' 이라고 불렸다.

"야, 커피땅콩! 뭐하냐?"

"난 땅콩이 아니라고 몇 번 말해야 아니? 난 흑진주라니까."

"아하하, 흑진주래. 방금 지나가는 개가 웃더라. 어쨌든 오늘 옷 사러 가기로 했잖아. 어디서 만날까?"

"로때백화점 앞에서 보자."

나작아는 오늘 친구인 김어중과 함께 백화점에 가기로 약속했다.

옷에 대한 탁월한 감각 덕에 친구들은 옷을 사러 갈 때면 항상 나작아를 불렀다. 하지만 정작 나작아는 키 때문에 맞는 옷이 없어 예쁜 옷은 그저 그림의 떡일 뿐이었다.

"땅콩아! 면바지가 어울릴까, 아니면 스키니 진?"

김어중은 거울을 보면서 계속 옷을 대 보며 물었고 그 옆에 있던 나작아는 속으로 '둘 다 어울려서 좋겠다' 하며 한숨을 내쉬었다.

"아무래도 유행이고 하니까 스키니 진이 나을 것 같다."

김어중은 탈의실에서 스키니 진으로 갈아입고 나왔다. 김어중은 키도 크고 늘씬한 모델 체형이라 그런지 스키니 진이 오히려 김어중 때문에 빛이 날 정도로 잘 어울렸다. 김어중이 나오자마자 매장 직원이 입에 바른 칭찬을 했다.

"어머, 언니! 스키니 진이 꼭 언니를 위해서 나온 것 같아요. 딱 어울린다. 어머, 어머!"

"정말요? 헤헤! 땅콩, 어때?"

김어중은 기분이 좋아 활짝 웃고 있었다. 그런 모습을 보며 나작아는 마냥 부럽기만 했다.

"그런데 이 언니는 동생인가 봐? 참 귀엽고 복스럽게 생겼네. 우리 매장에 아동복도 있는데……."

"난 어린애가 아니에요!"

나작아는 화가 나서 소리를 꽥 지르고 씩씩거리며 매장을 나왔다. 조금 후 김어중이 재빠르게 나작아를 따라잡았다.

"아유, 왜 이렇게 빠르니? 또 화난 거야?"

"너 같으면 화 안 나겠어? 내가 다시는 너랑 쇼핑 나오나 봐라!"

"에이그, 내가 조각 케이크랑 음료수 살게. 로때백화점 케이크가 제일 맛있다고 한 게 누구였더라?"

김어중은 나작아를 어르고 달래느라 진땀을 흘렸고 나작아는 못 이기는 척 김어중을 따라 조각 케이크를 파는 카페에 들어갔다. 둘은 각각 산딸기 무스와 모카 케이크를 시켰고 미래에 무엇을 할 것인지에 대해 이야기를 나눴다.

"난 영화배우가 되고 싶어. 커피땅…… 아니 흑진주야, 넌 뭐할 건데? 넌 패션 디자이너가 딱인데. 넌 패션에 한 센스하잖아."

"아니, 난 따로 꿈꾸는 게 있어."

"뭔데? 그러고 보니 한 번도 못 들어 봤네."

"비밀!"

"야, 우리 사이에 비밀이 어디 있어? 궁금하다. 빨리 말해 줘."

"내가 그 꿈을 이루면 말해 줄게. 케이크 나왔다. 먹자."

나작아는 아무 일도 없었다는 듯 케이크를 맛깔스럽게 먹었고 김어중은 너무하다는 표정을 짓다 같이 케이크를 먹기 시작했다.

"에휴, 옷은 다음 기회에 사야겠다. 그때도 부탁해요, 흑진주 님. 그럼 내일 봐!"

김어중과 헤어진 후 집으로 돌아오는 길에 나작아는 길가에 붙어 있던 모델 학원 연계 CF 모델 공채 포스터를 보았다.

'CF 모델계의 새로운 별을 찾습니다. 참신하고 통통 튀는 신세대 CF 모델의 주인공이 되어 보세요. CF 모델 공채는 스타 모델 학원과 함께합니다.'

나작아는 일단 주변에 아무도 없다는 걸 확인하고 살며시 포스터를 뜯어 잽싸게 집까지 뛰어왔다. 집에 도착한 나작아는 방에 콕 처박혀 포스터를 찬찬히 본 후 기대감에 부풀어 인터넷 사이트에 접속했지만 절망감을 느끼며 인터넷 창을 끌 수밖에 없었다. 여자 모델의 키 제한이 165센티미터 이상이었기 때문이었다.

"CF 모델인데 키 제한이 있다는 게 말이 돼? 이것마저 날 실망시키는구나. 흑흑!"

나작아는 어릴 적부터 꿈이 모델이었다. 그래서 늘 모델 공채가 뜨면 도전해 보았지만 작은 키 때문에 번번이 떨어졌었다. 나작아는 우울해서 침대에 풀썩 누워 있다가 불현듯 집에 올 때 받은 전단지가 생각났다.

'키가 작아 고민이라고요? 쭉쭉 센터에서 그 고민을 해결하세요. 저렴한 가격으로 최대의 효과를 누려 보세요.'

나작아는 그 전단지를 들고 안방으로 뛰어갔고 터무니없는 소리 하지 말라는 부모님을 겨우 설득해 쭉쭉 센터에 가게 되었다.

"어서 오세요, 무슨 일로 오셨나요?"

"보시다시피 제 키가 작잖아요. 전 모델이 꿈이에요. 제 키 좀 키워 주세요."

쭉쭉 센터의 원장은 나작아에 대해 이것저것 물어보다 안타까운 표정을 지으면서 나작아의 손을 꼭 잡고 말했다.

"걱정 마세요. 나작아 양처럼 작은 키가 고민이었던 사람들 모두 키가 쭉쭉 커서 자신감 있게 살고 있답니다. 나작아 양을 꼭 모델로 만들어 드리겠습니다."

나작아는 원장의 말에 감동하여 눈물을 흘렸다. 나작아는 상담 후 꽤나 큰돈을 내고 치료실로 따라 들어갔다.

"이 주사는 성장 호르몬이 들어 있는 주사예요. 이번 한 번만 맞아서는 안 되고 앞으로 몇 번은 더 맞아야 키가 쭉쭉 큰답니다. 아셨죠?"

주사를 맞은 후 다시 언제 올 건지 예약을 한 뒤 쭉쭉 센터를 나왔다. 아직 주사의 효능이 나타나기 전이었지만 나작아는 벌써 키가 쭉쭉 자란 것 같은 기분에 날아갈 것 같았다. 이제 몇 번만 더 맞으면 예쁜 옷도 마음대로 입을 수 있고 모델의 꿈을 이룰 수도 있다는 기대감에 한껏 부풀었다.

"영화배우, 나 키 좀 자란 것 같지 않아?"

"키? 그대로인 것 같은데?"

"아니야, 자세히 좀 봐."

"커피땅콩, 이리 와 봐."

김어중은 나작아를 앞에 세워 놓고 손으로 키를 재니 딱 자기의 어깨만큼 왔다.

"이것 봐, 자라기는 무슨! 전에 쟀을 때도 딱 내 어깨만큼 왔었잖아."

"아니야, 분명 조금이라도 자랐을 거야."

나작아는 키가 미미하게 커서 김어중이 못 알아봤을 것이라고 생각했다. 그러나 자꾸만 불안한 예감이 들어 매일 집에 돌아와서 키 재기 종이를 이용해 키를 재 보았지만 키의 변화는 전혀 없었다.

"고작 서너 번 맞아서 되겠어? 키 크겠지. 그래, 그렇게 믿어야지."

그러나 성장 호르몬 주사를 계속 맞고 시간이 지나도 키는 전혀 자라지 않았다. 비싼 성장 호르몬을 여러 번 맞고도 키의 변화가 없자 부모님은 더 이상 돈을 대 주지 않겠다고 선언했고 절망감에 빠진 나작아는 쭉쭉 센터의 원장을 찾아갔다.

"나작아 양, 키 좀 큰 것 같은데요? 어때요? 기분이 좋죠?"

"키가 크기는 무슨! 1센티미터도 자라지 않았어요."

"아직 효과가 없는 걸 보니 성장 호르몬 주사를 더 맞아야 할 것 같군요."

"얼마나 더 맞아야 하죠? 이제 다섯 번이 넘었다고요!"

나작아는 그동안 키를 체크한 키 재기 종이를 내밀었고 전혀 변화가 없는 것을 확인한 원장은 당황해했다.

"이상하네, 보통 세 번 정도 맞으면 쑥쑥 크던데……."

"어쩌실 거예요? 성장 호르몬 주사값 다시 돌려주세요. 분명 광고 전단지에는 효과가 없을 시 100퍼센트 환불이라고 되어 있었어요."

"에헴, 그게……."

원장은 종이를 뚫어져라 자세히 살펴보더니 조금 빗겨나간 선을 가리키며 말했다.

"여기 보세요, 조금 자랐잖아요. 이건 효과가 나타나서 그런 거예요. 그러니 우리는 절대 환불해 줄 수 없습니다."

"무슨 소리예요? 전 하나도 자라지 않았다니까요!"

나작아는 터무니없는 주장을 하는 쭉쭉 센터 원장을 생물법정에 고소했다.

키가 자라는 것은 성장판에서 연골이 커지면서
뼈처럼 단단해지기 때문입니다.
그러나 사춘기가 시작된 후 3년 이내에 성장판이 모두 닫히게 되면
그때부터는 아무리 노력해도 키는 자라지 않지요.

**키는 어떻게 자랄까요?**
생물법정에서 알아봅시다.

피고 측 변론하세요.

성장 호르몬이란 체내를 순환하면서 뼈, 연
골 등의 성장을 촉진하고 피부 밑이나 근육
에 있는 지방을 분해하며 단백질 합성을 더 잘하게끔 도와주는
역할을 하는 호르몬을 말합니다. 이처럼 성장 호르몬은 성장에
필수적인 호르몬이죠. 그런 성장 호르몬을 여러 번 맞았는데도
변화가 없다면 그렇다면 원고 측의 몸에 문제가 있는 게 아닐
까요?

이의 있습니다. 원고 측의 몸에 문제가 있는 건지 성장 호르몬
주사에 문제가 있는 건지 아직 모르는 것입니다.

받아들이겠습니다. 아직 확실치 않은 것을 사실인 것처럼 말하
지 마세요. 원고 측 변론하세요.

피고 측이 주장한 것처럼 성장 호르몬은 흔히 '키 크는 호르
몬'이라고 알고 있습니다. 그러나 모든 사람에게 성장 호르몬
을 넣는다고 해서 다 키가 클까요? 정형외과 전문의 나해골 씨
를 증인으로 요청합니다.

뼈쩍 마른 몸으로 금방이라도 넘어질 것처럼 엉성하게
걸어오는 나해골 씨가 증인석에 앉았다.

키가 더 자랄 수 있는지 아닌지 어떻게 판별하죠?

성장판이 닫혔는지 안 닫혔는지 엑스레이로 찍어 봅니다. 만약
안 닫혔다면 아직 클 수 있는 것이지요.

성장판이 무엇이죠?

성장판은 성장을 담당하는 연골판이 있는 곳으로 뼈가 자라서
키가 크게 하는 장소로 팔다리 등 길쭉한 뼈의 끝부분에 있습
니다. 좀 더 구체적으로 말하면 손목, 팔꿈치, 손가락, 어깨, 발
가락, 발목, 무릎, 척추 등에 있지요.

성장판에서 어떻게 뼈가 자라나요?

성장판에 있는 연골이 분열을 하면서 길이가 길어지고 그것이
곧 단단한 뼈로 변하게 됩니다. 그래서 사람의 키가 커지는 것
이지요.

성장판이 닫힌 유무를 어떻게 알 수 있나요?

엑스레이를 찍으면 연골은 그대로 통과하기 때문에 필름상에
는 검은 줄이나 띠가 있는 것처럼 보입니다. 그러나 성장판이
닫히면 하얀 뼈가 서로 붙어 있는 것을 확인할 수 있지요.

성장판은 한꺼번에 닫히나요?

아닙니다. 보통 사춘기가 시작된 후 3년 이내에 닫히는데 손가

락 → 발가락 → 무릎 → 손목 → 발목 → 척추의 순서로 닫히
게 됩니다.

성장판은 왜 닫히는 거죠?

사춘기가 시작되면 성 호르몬이 나오기 시작하면서 성장 호르
몬이 나오는 걸 방해합니다. 그리고 성 호르몬은 성장판이 빨
리 닫히도록 유도하지요.

성장판이 닫힌 후 성장 호르몬을 투여하면 안 되나요?

아무리 성장 호르몬을 넣어 준다고 해도 성장판이 닫힌 이상은
키가 자라지 않습니다. 그래서 성장 클리닉에서는 맨 처음 성
장판이 닫혔는지 안 닫혔는지부터 확인해야 합니다.

키가 자라는 것은 성장판에서 연골이 커지면서 그것이 뼈처럼
단단해지기 때문입니다. 그리고 성장 호르몬은 키가 클 수 있
게 해 주는 호르몬입니다. 그러나 사춘기가 시작된 후 3년 이
내에 성장판이 모두 닫히게 되고 그때부터는 아무리 노력해도
키는 자랄 수 없습니다.

성장 호르몬은 키를 자라게 해 주는데 이는 성장판이 열려 있
을 때에만 해당됩니다. 따라서 키를 키우기 위해 성장 호르몬
주사를 놓기 전에 성장판이 열려 있는지 닫혀 있는지부터 확인
을 했어야 합니다. 사진을 찍은 결과 나작아 양은 성장판이 이
미 닫혀 있었으므로 아무리 성장 호르몬을 많이 투여한다 해도
키가 자라지 않았을 것입니다. 따라서 쭉쭉 센터는 약속대로

나작아 양에게 환불을 해 줘야 할 것입니다.

판결 후, 나작아는 마음을 고쳐먹고 환불 받은 돈으로 디자인 학
원에 등록하여 의상 디자이너의 꿈을 야무지게 키워 나가고 있다.

 환경 호르몬

사람의 몸에서 정상적으로 만들어지는 호르몬이 아니라 공장이나 자동차의 배기가스 등을 통해 사
람의 몸에 들어오는 호르몬을 말한다. 환경 호르몬이 몸에 들어오면 몸의 각 기관의 정상적인 기능
을 방해하여 병이 생기게 된다.

# 운동선수의 금지된 약물

중요한 운동 경기에서는 왜 도핑 테스트를 실시할까요?

"거북이! 물 떠 와."

"선배님, 지금 청소 중인데……."

"시끄러! 물부터 떠 와. 빨리 안 갔다 와?"

　경상 고등학교 육상부는 한참 전국 대회를 위해 연습 중이었다. 육상부의 제일 막내인 한소심은 막내인 탓도 있지만 육상부에서 달리기 기록이 제일 좋지 않았기 때문에 선배들은 물론 코치까지 한소심을 '거북이'라 부르며 무시했다. 하지만 한소심은 내성적인 성격 때문에 아무 말도 못하고 선배들의 괴롭힘을 당하고만 있었다.

　"한소심, 부당한 대우를 당했으면 항의를 해야지. 언제까지 이렇게 당하고만 살래? 휴, 하지만 난 기록이 좋지 못한 쓸모없는 선수인걸. 이 느림보 다리!"

화장실 거울을 보며 한소심은 자신을 탓하지만 변하는 건 없었다. 물이 든 주전자를 들고 터덜터덜 다시 운동장으로 나갔다.

"왜 이렇게 늦어? 아무리 거북이라도 하늘같은 선배님의 심부름일 때는 토끼처럼 빨리빨리 해야 할 것 아냐?"

"죄송합니다. 앞으로는 빨리 하겠습니다."

한소심은 고개를 푹 숙이고 소심하게 있었다. 그때 코치가 선수들을 불러 모았다.

"자, 대회가 얼마 남지 않았다. 오늘은 모두 기록을 잴 테니 준비하고 있도록."

한소심은 바짝 긴장했다. 이번에도 기록을 재서 제대로 나오지 않으면 놀림은 둘째치고 육상부에서 쫓겨날 위기였기 때문이다. 한소심은 눈을 꼭 감고 덜덜 떨고 있는데 갑자기 코치가 한소심을 불렀다.

"한소심, 너는 담임선생님이 찾으시더라. 급한 일인 것 같으니 어서 가 봐."

하늘이 도우신 건지 평소 잘 찾지 않던 담임선생님이 한소심을 찾는다고 했다. 한소심은 겉으로는 미안한 척 속으로는 기쁨의 소리를 지르며 담임선생님에게로 갔다.

"선생님, 찾으셨다고요?"

"응? 난 너 찾은 적이 없는데? 아니다, 찾았던가? 안 찾았던가?"

한소심의 담임선생님은 건망증이 심해서 한소심을 찾았었는지 안 찾았었는지 헷갈려 고개를 갸우뚱거렸다. 그 후 한참 생각하다 결국 생각나지 않았는지 집에 가라며 돌려보냈다.

"다시 연습하는 곳으로 갈까? 에이, 이번에 기록 재는데 그냥 집에나 가야겠다."

한소심은 육상부의 눈을 피해 교문 밖으로 나와 집으로 돌아갔다. 저녁을 먹은 뒤 집 앞 공터에서 달리기 연습을 하고 있는데 어떤 남자가 한소심에게 말을 걸었다.

"보아하니 육상 선수인 것 같은데 참 느리군."

한소심은 뛰다가 화가 나 획 돌아봤는데 수상한 남자가 어느새 한소심 뒤쪽으로 다가와 있었다.

"헉, 누구세요?"

"나? 겁먹지 마, 학생. 끌끌! 난 일종의 발명을 하는 사람이라고나 할까?"

한소심은 저녁인데 선글라스를 끼고, 여름인데 바바리코트를 입은 남자가 자기를 보고 씩 웃고 있으니 무서워서 도망가려고 했다. 그러자 남자가 한소심을 덥석 잡았다.

"겁먹지 말래도. 난 너에게 도움이 돼 줄 수도 있어. 너 빨리 달리고 싶지? 난 그렇게 해 줄 수 있는데."

한소심은 눈이 번쩍 뜨여 그 남자를 바라보았지만 영 믿기지 않았다.

"믿지 못하는 눈치네. 자, 이걸 먹어 봐. 이건 달리기를 잘할 수 있는 약인데 내가 특별히 만들었지. 어때? 살 의향이 있나?"

"이거 가짜 아니에요?"

"아니야! 진짜라는 증거를 보여 주지."

수상한 남자는 사진을 하나 꺼내 들었다. 그 사진 속에는 세계적으로 유명한 과학공화국 출신 육상 선수와 수상한 남자가 약을 들고 나란히 있었다.

"실은 이 육상선수도 내가 개발한 이 약을 먹고 신기록을 냈지. 후후!"

한소심은 귀가 솔깃해졌다. 수상한 남자는 한소심의 마음을 눈치 챘는지 가격 흥정에 들어갔다.

"원래 한 알에 만 원인데 학생이 참 딱해 보여서 오천 원에 주지. 10알 정도는 꾸준히 먹어야 효과가 나타나. 어때?"

"음, 좋아요. 잠시만이요. 집에 돈 가지러 갔다 올게요."

한소심은 자신의 용돈을 다 털어서 수상한 남자에게서 약을 샀다. 남자는 한소심에게 명함을 주며 말했다.

"약을 더 살 의향이 있으면 연락하라고. 그리고 약은 하루에 한 알씩 먹어야 하고 부작용이 좀 있지만 걱정 마라. 거르지 말고 하루에 한 알이다. 끌끌!"

수상한 남자는 바람처럼 사라졌다. 한소심은 왜 용돈을 다 털어서 샀을까 하고 후회를 했지만 이미 늦었다. 일단은 약을 먹어 보기로 하고 효과가 없으면 따져야겠다는 생각에 약을 꾸준히 먹으면서 연습을 했다.

"전국 대회가 2주 앞으로 다가왔다. 에, 이제 학교를 대표할 선수를 뽑을 테니 다들 준비하고 있도록."

한소심은 저번과는 달리 자신이 있었다. 그간 약을 꾸준히 복용하면서 연습한 결과 기록이 꽤 좋아졌기 때문이다.

"자, 다들 일렬로 서고! 준비, 출발!"

선수들은 일제히 뛰기 시작했다. 원래라면 제일 뒤에 뒤쳐져 있을 한소심이었지만 이번에는 남들보다 앞에서 뛰고 있었다.

"오, 한소심! 학교 선수 기록 중에서 최고다, 최고! 이상한데? 다시 한 번 뛰어 봐."

한소심이 다시 뛰었고 기록은 엇비슷하게 나왔다. 한소심의 기록을 본 코치는 매우 흥분하면서 호들갑을 떨었다.

"이건 놀라운 기록이야! 이대로만 가 준다면 전국 대회 우승은 문제없겠어. 한소심, 너만 믿는다."

그 후 한소심을 대하는 주변 사람들의 태도가 확 달라졌다. 예전에는 시종 부리듯 무시했지만 이제는 유망주로서 왕자 대접을 받았다. 한소심은 그동안 수상한 남자와 계속 거래를 하여 달리기를 잘하게 해 주는 약을 꾸준히 먹었다.

"소심아, 더도 말고 덜도 말고 예선에서 했던 것만큼만 부탁한다. 알았지?"

드디어 전국 대회 날이 되었다. 이미 예선에서 우수한 성적으로 통과한 한소심은 결선에서 모든 이들의 기대를 받고 있었다. 한소심은 예전처럼 소심하게 행동하지 않고 오히려 우쭐해져서 자기가 최고인 양 거만하게 행동했다.

"그냥 한 번 뛰어 주고 오죠, 뭐. 하하! 걱정 마세요. 금메달은 제 것입니다."

한소심은 대회 전 이상한 검사를 받아서 혹시 전날에 약을 많이 먹은 것이 걸리는 건 아닌가 하고 조마조마했지만 건강 검진이려니 하고 넘어갔다.

드디어 경기 직전, 한소심은 떨렸지만 이제 이것이 끝나면 모든 게 끝이라는 생각에 아찔해져 최선을 다하기로 결심했다. 출발을 알리는 총소리가 들리고 한소심은 죽을힘을 다해서 뛰었다. 결승선에 도착! 한소심은 1등으로 들어왔다.

"소심아, 넌 역시 해낼 줄 알았어!"

육상부 선수들이 모두 뛰어나와 한소심을 끌어안았다. 한소심은 어안이 벙벙했지만 자신이 1등이라는 생각에 세상의 모든 것을 가진 것 같았다. 그런데 중앙방송이 나오면서 그 꿈은 산산조각 나고 말았다.

"경상 고등학교 한소심 선수, 도핑 테스트 결과 약물 반응에서 양성으로 나왔습니다. 따라서 이번 금메달은 무효입니다."

"뭐라고? 이건 말도 안 돼!"

한소심은 결과를 믿을 수 없어 주최 측에 가서 따졌다.

"1등하면 됐지, 왜 무효라는 겁니까?"

"약물을 먹었죠? 부정한 행위로 대회에 참가했으니 아무리 우수한 성적을 거두어도 다 무효입니다."

"무슨 증거로 그러는 거죠?"

"경기 전에 도핑 테스트를 했을 겁니다. 일종의 약물 검사죠. 거기서 한소심 선수는 양성 반응이 나왔어요."

"이럴 수는 없어요. 절대 인정 못해요!"

한소심은 주최 측을 생물법정에 고소했다.

아나볼릭 스테로이드는 인공적으로 합성한 남성 호르몬으로
꾸준히 섭취해야만 효과를 볼 수 있어요. 그런데 장기간 복용할
경우 심장, 간, 신장 등 여러 기관을 손상시켜 심할 경우
죽음에 이르게 하고, 정신적으로도 장애를 가져올 수 있답니다.

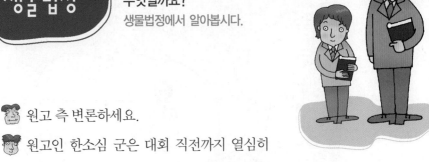

달리기를 잘하게 해 주는 약의 정체는
무엇일까요?
생물법정에서 알아봅시다.

원고 측 변론하세요.

원고인 한소심 군은 대회 직전까지 열심히
연습을 했고 그 결과로 전국 대회에서 1등
을 하게 되었습니다. 주최 측에서 약물 검사를 운운하며 1등을
박탈하려는 것은 모함입니다. 최고의 운동선수를 꿈꾸는 순수
한 청소년의 마음에 상처를 내는 것입니다.

이의 있습니다. 원고 측이 썼다는 약물이 문제가 있는지 없는
지 결론이 안 났으므로 원고 측의 발언은 오히려 주최 측을 모
함하는 것입니다.

두 쪽 다 진정하세요. 아직 결정된 바 없으니 서로 이성적으로
하시기 바랍니다. 피고 측 변론하세요.

모든 운동 경기에서는 경기 전 일종의 약물을 복용했는지에
대한 검사를 합니다. 한소심 군은 왜 이 테스트에 걸리게 되
었는지, 어떤 이유로 1등을 박탈당한 것인지 알아보도록 하겠
습니다. 스포츠 의학 전문가인 다잡아 씨를 증인으로 요청합
니다.

스포츠 복장을 하고 잽싸게 재판장을 뛰어 들어오는 한
남성이 증인석에 앉았다.

운동 경기 전에 하는 테스트는 무엇인가요?

도핑 테스트라고 하는 검사입니다. 도핑 테스트는 선수가 경기
에 임하기 전에 투여해서는 안 되는 금지 약물을 썼는가 안 썼
는가를 확인하는 테스트입니다.

도핑 테스트는 어떻게 하죠?

보통 혈액 검사나 소변 검사를 합니다. 약물을 먹거나 주사로
맞았다면 혈액이나 소변에 나타나기 마련이죠.

도핑 테스트는 왜 하는 것입니까?

운동 경기는 선수 개개인의 본래의 능력을 겨루는 시합입니다.
그런데 여기에 약물을 이용해서 이긴다면 공평하지 못한 것이
죠. 또 약물은 선수들의 몸을 해치기도 합니다.

도핑 테스트는 언제부터 실시했죠?

1968년부터 도핑 테스트를 실시했습니다. 만약 도핑 테스트에
걸리면 최저 18개월의 출전 정지나 매우 나쁜 위반자에게는
선수권 박탈까지 합니다.

한소심 군이 먹었다는 약은 무슨 성분이죠?

약의 성분 검사 결과 아나볼릭 스테로이드라는 약물입니다.

이름이 매우 어렵군요. 그 약물은 어떤 것입니까?

아나볼릭 스테로이드는 인공으로 합성한 남성 호르몬입니다. 이 약물을 복용하면 근육이 발달하고 달리기 등 육상 경기에서는 스피드를 향상시킵니다. 그러나 원래 이 약물은 병약자나 회복기의 수술 환자에게 투여되어 온 것입니다.

약물을 한 번만 먹어도 효과를 볼 수 있나요?

아닙니다. 아나볼릭 스테로이드는 호르몬이기 때문에 꾸준히 섭취해야만 효과를 볼 수 있습니다.

약물이라면 부작용은 없습니까?

있습니다. 장기간 복용할 경우 심장, 간, 신장 등 여러 기관을 손상시켜 심할 경우 죽음에 이르게 하고, 정신적으로도 장애를 가져올 수 있습니다. 또 인공적으로 호르몬을 넣어 주었기 때문에 몸에서는 정상 호르몬이 나오지 않고 여성의 경우는 남성과 같은 근육, 굵고 탁한 목소리, 얼굴에 과도한 털이 나는 등 매우 안 좋은 영향을 끼칩니다.

원고 측이 쓴 아나볼릭 스테로이드 약물은 남성 호르몬으로서 근육을 키워 주고 스피드를 올려 주는 기능을 합니다. 그러나 이 약물은 스포츠 경기에서는 불법으로 규정하고 있고 실제로 이 약물을 사용했다가 적발되어 금메달을 박탈당한 사례도 있으므로 한소심 군의 1등 박탈은 정당한 것입니다.

운동 경기는 선수들의 본래의 실력을 겨루는 선의의 경쟁입니다. 그런데 어떻게든 좋은 성적을 거두기 위해 선수들은 약물

의 유혹을 받게 되고 그 유혹을 뿌리치지 못한 선수들은 불법적으로 약물을 이용합니다. 그러나 약물을 이용한다는 것은 형평성에 어긋나며 선수 자신의 몸에도 악영향을 끼치는 등 매우 좋지 않은 행동입니다. 특히 원고인 한소심 군은 호르몬 계통의 약을 장기간 복용하여 자신의 실력이 아닌 약물에 의존하여 1등을 했기 때문에 진정한 1등이 아니며 따라서 1등 박탈은 정당하다고 선고합니다.

판결 후, 한소심은 더 이상 육상 경기를 하지 못했다. 꿈을 잃어버린 한소심은 자신에게 약을 판 남자를 고소했는데 알고 보니 그 남자는 한소심 말고도 다른 어린 선수들에게도 약을 팔았던 것이다. 그래서 결국 그 남자는 감방 신세를 지게 되었다.

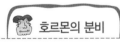 호르몬의 분비

호르몬은 너무 많이 분비되거나 너무 적게 분비되면 병이 생기므로 항상 적당한 양이 분비되도록 조절해야 한다. 이러한 대표적인 예가 체온 조절인데 사람이 추워지면 티록신이나 아드레날린 등의 호르몬을 통해 열의 발생을 늘려 항상 일정한 체온이 유지되도록 하는 것이다.

## 호르몬이란 게 뭔가요?

호르몬이란 몸 안에서 합성되어 체액을 타고 특정한 기관이나 세포에 도착하여 그것의 활동이나 생리적 과정에 특정한 영향을 미치는 화학 물질입니다.

말이 조금 어렵죠? 적당한 예를 들어 보도록 하죠. A라는 밀가루 공장이 있고 B라는 제과점이 있습니다. B제과점은 빵을 만들기 위해서 밀가루가 필요한데 밀가루는 A공장에서 만듭니다. 따라서 B제과점은 A공장에게 밀가루를 달라고 주문합니다. 그러면 A공장은 밀가루를 생산하여 B제과점에 배달을 하고 B제과점은 밀가루로 빵을 만듭니다.

여기서 A공장은 호르몬을 만드는 장소, 밀가루는 호르몬, B제과점은 호르몬이 작용하는 특정한 기관이나 세포입니다.

호르몬은 특정한 기관이나 세포에만 작용을 하고 극히 적은 양으로 생리 작용을 조절합니다. 분비량이 적으면 결핍증, 많으면 과다증으로 병이 생기죠. 여기서 호르몬이 작용하는 특정한 기관을 우리는 '표적 기관', 혹은 '표적 세포'라고 합니다.

또 한 가지 신기한 사실은 척추동물 간의 호르몬은 대체로 같은 기능을 하고 서로 적대감이 없다는 겁니다.

이것을 어려운 말로 '종 특이성이 없다' 라고 하죠. 그래서 생명 공학이 발달하기 전에는 당뇨병 환자에게 돼지의 인슐린을 투여하기도 했답니다.

지금도 다른 척추동물에게서 호르몬을 대량 생산해서 그 호르몬을 호르몬 병을 앓는 사람에게 투여하려는 연구가 활발히 진행 중이랍니다.

호르몬을 분비하는 몸속의 분비선을 '내분비선' 이라고 하는데 내분비선에는 크게 뇌하수체, 갑상선, 부갑상선, 부신, 이자, 정소, 난소 등이 있습니다.

이중 뇌하수체는 간뇌의 시상 하부와 연결되어 있습니다. 뇌하수체는 전엽과 후엽으로 나뉘고 전엽은 주로 시상 하부의 명령을 받아 다른 내분비선에게 호르몬을 내라고 재촉하는 호르몬을 내고, 후엽은 신장이나 자궁에서 활동하는 호르몬을 내죠.

호르몬 이야기가 나왔으니 하나 더 짚고 넘어가야할 문제가 있습니다.

바로 환경 호르몬입니다. 환경 호르몬이란 몸속에 들어가서 마치 호르몬인 것처럼 활동하여 몸에 문제를 일으키는 물질을 말합니다.

몸에 병이 생기는 것은 물론 아기를 가졌을 때 아기에게도 치명적인 영향을 미치기도 하죠. 나쁘기만 하고 좋은 것은 하나도 없는 환경 호르몬, 이것이 몸에 들어가지 않도록 주의해야겠습니다.

제5장

# 식물 호르몬에 관한 사건

269

옥신과 식물 성장 – 햇빛을 사랑한 식물

에틸렌과 과일 숙성 – 과일 가게의 비밀

# 햇빛을 사랑한 식물

왜 대부분의 식물은 햇빛 쪽으로 휘어져서 자라는 걸까요?

많은 회사들이 밀집해 있어 하늘 높은 줄 모르고 치솟은 고층 건물이 즐비한 소울시의 어이도동. 그곳에는 늘 정장을 입은 회사원들이 묻지 마 축지법을 쓰며 출퇴근을 했다. 그러나 사막에도 오아시스가 있듯 어이도동의 명물이 있었으니 그곳은 버스 정류장 앞 '오아시스 꽃집'이었다.

"어서 오세요, 손님! 무엇을 사러 오셨나요?"

"사무실에서 키울 조그마한 식물 하나 사 가려고요."

"아, 그럼 음지에서도 잘 자라는 식물로 추천해 드릴게요. 이건 어때요?"

"어머, 예뻐! 맘에 들어요. 이걸로 살게요. 전에 사 간 식물도 참 잘 자라더라고요. 또 올게요."

오아시스 꽃집은 늘 식물을 사려는 사람들의 발길이 이어졌다. 가게 주인인 문솔이의 탁월한 안목 덕에 손님 취향에 맞는 식물을 잘 골라 주기로 소문이 자자했기에 방송국에서 몇 번 취재까지 나올 정도였다.

"어서 오세요. 어머, 화분이 깨졌네요."

"네, 서류들에 밀려서 떨어졌지 뭐예요."

"제가 무료로 갈아 드릴게요. 기다려 보세요."

문솔이는 식물 고르기 센스뿐 아니라 인심도 좋아서 더욱 인기가 좋았다. 그러던 어느 날 어이도동과 한참 떨어진 곳인 하이동에서 온 손님이 꽃집을 방문했다.

"어서 오세요, 손님! 어떤 걸 찾으시나요?"

문솔이는 늘 그랬듯 미소로 손님을 맞았다. 그러나 손님은 대꾸도 하지 않고 꽃집을 둘러보았다. 긴 수염에 전통복을 입은 50대 정도의 아저씨, 꼭 과거로부터 타임머신을 타고 온 것 같은 외모가 신기해 문솔이가 쫓아다니며 바라보는데 갑자기 손님이 획 돌아섰다.

"에헴, 나는 뼈대 있는 종가의 후손인 송태백이라오. 우리 집안은 대대로 곧은 절개로 유명한 귀족 집안이지."

"아, 네. 정말 대단하신 분이군요."

"그래서 말인데 곧게 크는 식물을 찾고 있소. 아무리 많은 식물을 사도 다 휘어지니 이거 원."

"그럼 넝쿨 식물은 싫어하시겠네요."

"넝쿨? 그런 줏대 없는 식물은 집 문턱도 넘지 못하지, 암!"

"그럼 난초는 어떠세요?"

"에헴, 난초는 너무 많아서 식상해서 말이지. 좀 신선한 식물을 사고 싶소."

문솔이는 이렇게 까다로운 손님은 처음이었기에 고민이 많이 됐다. 하지만 곧 떠오른 식물이 있어 후딱 가서 가져왔다.

"손님, 이건 어떠세요? 이건 로즈메리라고 하는 식물인데 햇빛에 두면 곧게 잘 자란답니다."

"오, 꼭 소나무처럼 생겼구나. 우리 가문이 소나무 송가인 줄은 어떻게 알고. 허헛! 고맙소이다."

송태백은 매우 흡족한 미소를 짓고는 팔자걸음으로 느릿느릿하게 걸어 나갔다. 뒤에 있던 문솔이는 인사를 하고 잽싸게 카메라를 꺼내서 사진을 찍었다.

"초상권 침해이긴 하지만 저런 희귀한 사람을 언제 보겠어? 호호! 살다 보니 정말 재밌는 손님도 만나네."

문솔이는 큭큭 웃고는 식물에게 물을 주었다. 그리고 어제 주문 들어온 꽃다발을 만드느라 분주했다.

한편, 송태백은 햇빛이 잘 드는 창가에 로즈메리를 두고 지시 사항대로 겉흙이 마를 때마다 물을 주기만 하고 난초 잎을 닦고 가꾸는 데 더 공을 들였다. 로즈메리는 주인의 무관심 속에서도 쑥쑥 잘 크기만 했고 특유의 향을 뿌렸다.

"로즈메리는 참 이상한 식물이구나. 왜 이렇게 향이 심한 거야?"

송태백은 멀리 치워 버리고 싶었지만 날씨가 추웠기 때문에 차마 밖에 내놓을 수가 없었다.

"어서 봄이 와야 할 텐데. 그래야 저 녀석을 치워 버리지."

송태백은 점점 로즈메리가 맘에 들지 않았다. 왠지 소나무를 흉내 내는 것 같아 기분이 좋지 않았다. 그러던 중 로즈메리가 이상해짐을 느꼈다.

"이상하네. 이것도 창문 쪽으로 휘어서 나잖아."

로즈메리가 크면서 햇빛이 드는 창 쪽으로 점점 줄기가 휘기 시작했다. 날이 지나면 지날수록 더 휘어지는 것 같았다.

"향도 심한데 거기다 휘어지기까지 해? 내 이 주인을 당장!"

송태백은 당장 로즈메리를 들고 오아시스 꽃집으로 향했다. 잔뜩 화가 난 얼굴을 하고 이상하게 큰 로즈메리를 들고 나타난 송태백을 보고 문솔이는 어리둥절해했다.

"손님, 뭔가 문제가 있나요?"

"이런 이상한 식물을 나에게 추천하다니!"

"이상하다니요, 로즈메리가 얼마나 사랑스러운 허브인데요. 향도 좋고."

"그 향이 싫단 말이오. 그건 둘째 치고 왜 이렇게 휘어지는 거요?"

"그럴 리가요. 이 로즈메리를 보세요."

문솔이는 큰 화분에 담긴 로즈메리를 가리켰다. 그 로즈메리는 곧고 풍성하게 자라 있었다. 그것을 본 송태백은 더 화가 났다.

"아니, 그럼 내게 불량품을 준 것 아니오? 저건 곧은데 왜 내가 사 간 것은 이렇게 굽은 거요?"

"불량일 리가요. 손님이 잘못 키우신 거죠."

"내가 잘못 키워? 이보시오. 난 난초 대회에서 우승할 정도로 식물을 잘 키우는 사람이오. 그런데 내가 잘못 키웠다고? 어서 환불해 주시오."

"교환은 가능하지만 환불은 안 됩니다."

"내게 이상한 식물을 준 게 누군데. 당장 환불해 주지 않으면 고소하겠소."

"네, 맘대로 하세요."

송태백은 오히려 화를 내는 문솔이가 괘씸해 당장 생물법정에 고소했다.

옥신은 줄기 끝이나 새로 나온 잎에서 만들어지는
생장 촉진 호르몬입니다. 세포를 더 많이 만들거나,
열매를 크게 하며, 잎과 과일이 떨어지는 것을 방지합니다.

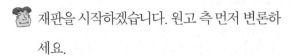

**식물이 햇빛을 따라 휘는 이유는 무엇일까요?**
생물법정에서 알아봅시다.

재판을 시작하겠습니다. 원고 측 먼저 변론하세요.

우리 주위의 식물들을 보면 모두 곧게 자랍니다. 나무든, 풀이든, 꽃이든 말이죠. 곧게 자라지 않는 식물은 식물이 아닙니다.

이의 있습니다. 넝쿨 식물이나 할미꽃같이 구부정하게 자라는 식물은 무엇이죠?

세상에는 예외라는 것이 있죠, 예외! 어쨌든 식물은 햇빛을 통해 영양분을 합성하여 생활합니다. 햇빛은 위에서 오는데 굳이 굽을 필요가 있을까요? 따라서 문솔이 씨가 준 식물이 이상하다고 생각합니다.

피고 측 변론하세요.

우리가 방향을 잃었을 때 나무가 어느 쪽으로 휘어 있는지 보면 방향을 알 수 있다고 합니다. 또 창가에 놔둔 식물은 휘어지기 마련입니다. 왜 그런 걸까요? 원예 전문가 부렌트 씨를 증인으로 요청합니다.

머리부터 발끝까지 녹색으로 치장한 젊은 여성이 증인  석에 앉았다.

식물이 햇빛 방향으로 휘는 이유는 무엇일까요?

옥신이라는 식물 호르몬 때문입니다.

옥신은 무엇이지요?

줄기 끝이나 새로 나온 잎에서 만들어지는 생장 촉진 호르몬입니다. 주로 세포를 더 많이 만들거나 세포를 크게 할 때 도움을 주고 열매를 크게 하기도 하죠.

옥신과 햇빛은 어떤 관계가 있죠?

옥신은 햇빛을 싫어하는 호르몬입니다. 따라서 햇빛이 들어오는 반대 방향으로 몰리는 경향이 있어요. 아까 말했던 것처럼 옥신은 세포를 크게 하는 호르몬이기 때문에 옥신이 있는 식물 뒷면의 세포들이 커지면서 불균형이 일어나고 따라서 햇빛 쪽으로 휘게 되는 것이죠.

잘 이해가 되지 않는데 쉽게 설명해 주세요.

여기 간단한 실험으로 알아봅시다.

부렌트가 빨간색, 파란색 점토로 두 기둥을 만들어 붙였다.

빨간색 쪽이 햇빛이 들어오는 방향이라고 생각합시다. 그러면 옥신은 햇빛의 반대 방향인 파란색 쪽으로 몰리게 되고 파란색 쪽은 옥신 때문에 커지게 되겠죠? 파란색을 늘려 봅시다.

부렌트가 파란색 기둥을 길쭉하게 만들자 햇빛이 들어오는 방향 쪽으로 휘어졌다.

뒤쪽이 늘어났지만 앞쪽은 늘어나지 않아 결국 앞으로 휘게 되는군요.

그렇습니다. 대부분의 식물이 햇빛 쪽으로 굽는 이유가 바로 이것입니다.

창가에 놔둔 식물을 곧게 자라게 하려면 어떻게 해야 하죠?

화분을 적절히 돌려가면서 키우면 됩니다. 그러면 모든 세포가 고르게 옥신의 영향을 받을 테니까요.

옥신은 식물 호르몬 중 하나로 세포를 더 만들어 내거나 잘 자라게 합니다. 그러나 햇빛의 반대 방향으로 가려는 성질 때문에 창가 등 한쪽 면으로 햇빛이 들어오면 식물은 햇빛 쪽으로 기울어져서 클 수밖에 없습니다.

식물은 옥신이라는 호르몬 때문에 한쪽 면으로만 햇빛이 들어오면 햇빛이 나는 쪽으로 휘어 자랄 수밖에 없습니다. 다만 화분을 적절히 돌려가며 키운다면 굽는 것을 방지할 수 있겠죠. 그러나 송태백 씨는 화분을 방치했고 식물은 햇빛이 나는 쪽으

로 휘어 자랄 수밖에 없었습니다. 따라서 문솔이 씨는 송태백 씨에게 환불해 줄 필요가 없다고 선고합니다.

판결이 끝난 후 송태백은 괘씸한 마음에 로즈메리를 화단에다 심어 버렸다. 그러자 오히려 로즈메리는 쑥쑥 자라 나무처럼 되었고 집 안 가득히 향기를 내뿜었다.

 **식물의 운동**

식물은 동물처럼 걸어 다닐 수는 없지만 약간의 운동을 한다. 예를 들어 감자 싹은 빛이 오는 방향으로 자라고, 식물의 뿌리는 물기가 많은 쪽으로 구부러지고, 땅으로 나온 봉선화의 뿌리가 다시 땅 방향으로 구부러지는 것 등을 통해 식물이 운동하고 있음을 알 수 있다.

# 과일 가게의 비밀

사과나 멜론이 덜 익은 과일을 익게 해 준다는 게 사실일까요?

팰리스 아파트의 상가에는 '맛있는 과일 가게' 라
는 과일 가게가 하나 있었다. 그러나 가게 이름과는
달리 가게의 과일들은 그다지 맛있지 않았다. 대신
잘 익은 과일은 엄청 비싼 값에 사야 했고 아파트 주민들은 과일을
싸게 사기 위해서 차를 타고 멀리 나가야만 했다.

'따르릉!'

"여보세요."

"여보, 오늘 우리 회사 사람들이 우리 집에 갈 것 같으니까 준비
해 둬."

"아니, 그걸 지금 이야기하면 어떻게 해?"

"어쩌다 보니 그렇게 됐어. 저녁은 먹고 들어갈 거니까 간단하게 과일이나 음료수 같은 것 좀 준비해 둬."

주부인 주부백은 난감했다. 냉장고엔 과일도 다 떨어졌고 싱싱한 과일을 새로 사 오자니 과일 가게가 너무 멀리에 있었다. 그래서 하는 수 없이 아파트 상가에 있는 과일 가게에 갔다.

"여기요, 아무도 안 계세요?"

"뭐요?"

가게 안쪽 미닫이문이 드르륵 열리면서 가게 주인인 하품쩍이 하품을 늘어지게 하고 귀찮다는 듯 나왔다.

"집에 급한 손님이 와서 그러는데 과일 좀 사려고요."

"여기 널린 게 과일이니 쭉 둘러보쇼."

주부백은 꼼꼼하게 과일들을 둘러보았지만 손님들에게 낼 만한 신선한 과일이 없었다. 그러나 귀한 손님들께 이런 이상한 과일들을 낼 수 없다는 생각에 눈을 질끈 감고 결심했다.

"저기요, 신선한 과일로 주세요."

"어이고, 그럼 진작 말하시지. 얼마나 필요합니까?"

하품쩍은 능글맞은 웃음으로 냉장고에서 과일을 꺼냈다. 냉장고에서 꺼낸 과일들은 적당히 잘 익어 신선했고 역시나 터무니없이 비싼 가격을 불렀다.

"이번에는 많이 사는데 가격 좀 깎아 주시면 안 될까요?"

"그럼 다른 곳에서 사든가."

하품찍은 다시 과일을 냉장고에 넣으려고 했다. 주부백은 시계를 보며 초조해하다가 결국 하품찍의 술수에 넘어가 비싼 값에 과일을 샀다. 이렇듯 하품찍은 너무 익거나 덜 익은 과일들을 밖에다 내놓고 잘 익은 과일을 냉장고에 넣어 가격을 다르게 했다.

물론 하품찍도 신선한 과일들을 밖에다 내놓고 비싼 값에 팔고 싶었다. 그러나 적당히 잘 익은 과일을 팔려면 전부 냉장고에 보관해야 하는데 그러면 전기세가 많이 들기 때문에 이런 방법을 쓴 것이다.

하지만 아파트 상가나 이 주변에서 과일을 파는 곳은 이 가게 하나뿐이었기에 하품찍은 그다지 신경 쓰지 않았다. 그러나 이런 하품찍에게도 먹구름이 끼기 시작했다.

"오늘따라 손님이 없네. 다들 집에서 안 나오나? 오늘 좋은 물건도 들어와서 모처럼 비싸게 팔아 보려고 했더니만."

하품찍은 가게 밖으로 나와 주변을 기웃거렸다. 그러나 상가에는 장을 보는 주부들이 많았고 이상하게도 장바구니에는 잘 익은 과일들이 있었다.

"이상하네, 오늘 한 명도 안 왔는데 과일들을 다 들고 있지?"

하품찍은 이상한 생각에 가게 문을 잠시 닫고 주부들을 따라가 보았고 도착한 곳은 새로 문을 연 과일 가게였다.

"진짜 싼 과일 가게로 오세요, 잘 익은 과일들을 싼 값에 판매합니다. 오픈 기념으로 과일 반값 행사 중입니다."

하품찍은 거짓말이겠거니 싶어서 가까이 다가가 보았다. 그러나 하품찍의 예상과는 달리 입에 침이 고일 정도로 먹음직스러운 과일들이 있는 것이 아닌가!

"이것도 하루 이틀이지, 곧 너무 익은 과일들이 될걸?"

하품찍은 대수롭지 않게 생각하고 돌아갔다. 하지만 '진짜 싼 과일 가게'는 팰리스 아파트 주민들뿐만 아니라 주변에 사는 사람들도 사러 올 만큼 인기가 나날이 치솟았다. 그 때문에 하품찍의 가게는 파리만 날리는 신세가 되었다.

"이상하다. 매번 갈 때마다 늘 잘 익은 과일들이 있어. 그렇게 잘 익은 과일만 팔려면 유지비가 제법 들 텐데 어떻게 그렇게 싸게 파는 거지?"

하품찍은 아무리 계산을 해 보고 방법을 생각해 봐도 도저히 이해할 수 없었다. 그래서 '진짜 싼 과일 가게'로 손님인 척 가장하고 가서 방법을 물어 보기로 작정했다.

"어서 오세요, 무슨 과일을 찾으시죠?"

가게 주인인 한친절이 하품찍에게 다가와 살갑게 굴며 물었다. 하품찍은 과일들을 쭉 둘러보며 손님인 척 이야기했다.

"에, 그냥 집에서 먹을 것 좀 찾는데요. 그나저나 과일들이 정말 잘 익었네요."

"그렇죠? 저희가 산지에서 직접 배송해서 그렇답니다."

"하지만 운반하는 과정에서 보관이 어려울 텐데 혹시 약 친 것 아니에요?"

"절대 아닙니다. 저희 가게는 순수 무공해 과일들입니다."

"그럼 어떻게 이렇게 잘 익은 것들만 있죠? 냉장고를 쓰면 전기세가 많이 나올 텐데."

한친절이 말하려는 순간 옆에 있던 주부들이 수군거렸다.

"어머, 저기 맛있는 과일 가게 주인 아냐?"

"여기 생기고 나서 파리 날리겠다. 그것 참 쌤통이네."

주부들의 이야기를 들은 한친절은 말을 멈추고 하품찍을 빤히 보고는 말했다.

"요 건너편 과일 가게 주인이시군요. 미안하지만 우리 가게에서 어떻게 적당히 잘 익은 과일들을 싸게 파는지는 알려드릴 수 없습니다."

한친절에게 단칼에 거절당한 하품찍은 기분이 꽉 상해서 가게로 돌아왔다. 자존심에 상처를 입은 하품찍은 단순히 '진짜 싼 과일 가게'에서는 어떻게 잘 익은 과일들만 팔 수 있는지 그 방법이 궁금하기만 했는데, 이제는 그 가게에 아무도 모르는 비리가 있을 거라는 생각이 들었다. 그래서 어떻게든 그 비리를 파헤쳐 가게를 망하게 해야겠다는 의지로 불타올랐다.

우선 산지 직송을 언제 하는지 알아보기 위해 '진짜 싼 과일 가게'의 전단지를 어렵게 구해서 자세히 읽었더니 새벽 5시에 과일이

들어온다는 것이 적혀 있었다.

"흠, 새벽 5시에 과일이 들어온다 이거지? 일단 그 가게 주인은 내 얼굴을 아니까 마누라를 시켜서 보내야겠다."

하품찍은 아내인 호들갑을 새벽 5시에 가게로 보내기로 했다. 호들갑은 졸린 눈을 비비고 과일을 사러 나온 손님인 척하고 '진짜 싼 과일 가게'로 나갔다. 그런데 정말 큰 트럭이 한 대 있었고 가게 주인과 운반자가 거래를 하고 있었다.

"어머, 지금 과일이 막 들어온 거죠? 호호! 전단지에 새벽 5시에 과일이 들어온다기에 제일 신선한 과일을 사려고 이렇게 아침부터 나왔답니다. 지금 살 수 있죠?"

"이거 죄송해서 어쩌죠? 이 과일들은 덜 익어서 지금 사 가시면 먹기 힘들 거예요. 이따 가게 열 때 오세요. 그때 특별히 제일 신선한 과일로 드릴게요."

집으로 돌아온 호들갑은 하품찍에게 거래하는 과일들이 덜 익은 과일들이라고 했고, 하품찍은 약품을 써서 덜 익은 과일들을 익히는 것이라고 결론을 내렸다. 그래서 가게 문이 열리는 대로 찾아가 한 친절에게 따지듯 말했다.

"무공해라고? 허, 거짓말하지 마쇼!"

"무슨 말씀이신지? 남의 가게에 와서 이렇게 행패를 부리시면 곤란합니다."

"내가 알아보니까 새벽에 덜 익은 과일들을 들여온다는데 그 과일들은 어디 있어? 이거 아니야? 약 쳐서 나온 이 과일들!"

　주위에 있던 주부들은 수군거리면서 하나 둘 과일을 놓기 시작했고 그 모습에 당황한 한친절은 황급히 말했다.

　"내가 맹세하건데 절대 약은 치지 않았어요. 우리 가게만의 노하우가 있단 말입니다."

　"거짓말하네. 약을 치지 않는 이상 잘 익은 과일들은 나올 수 없어."

　"그럼 생물법정에서 내가 약을 치지 않았다는 걸 증명해 보이겠어요."

에틸렌은 과일을 잘 익게 해 주는 호르몬입니다.
특히 사과나 멜론에서 많이 나오며 덜 익은 과일과
함께 놔둘 경우 그 과일들을 잘 익게 해 줍니다.
또 예로부터 에틸렌을 뿌려 과일을 익히는 방법도 쓰였답니다.

덜 익은 과일을 익힐 수 있는 방법은
무엇일까요?
생물법정에서 알아봅시다.

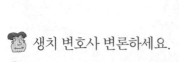

 생치 변호사 변론하세요.

잘 익은 과일을 먹기 위해서는 일단 잘 익었
다 싶을 때 수확해서 곧바로 냉장고 같은 차
가운 곳에 보관해 둡니다. 물론 열대 과일은 예외이지요. 그런
데 덜 익은 과일을 수확하면 어떻게 익힌다는 겁니까? 약 처리
를 하지 않는 이상 절대 과일은 익을 수 없습니다.

비오 변호사 변론하세요.

과일을 보관할 때 사과와 무른 과일들은 함께 두지 말라고 합
니다. 왜 그런 걸까요? 과일 감정 전문가 이존기 씨를 증인으
로 요청합니다.

홀러내리는 머리를 쓸어 올리며 석류처럼 빨간 옷을 입
은 이존기가 증인석에 앉았다.

덜 익은 과일을 익힐 수 있는 방법이 있나요?

네, 있습니다. 바로 사과나 멜론을 과일과 함께 봉지에 넣어 냉
장실에 넣는 방법이죠.

왜 그런 방법을 쓰죠?

사과나 멜론에는 에틸렌이라는 식물 호르몬이 풍부하기 때문에 덜 익은 과일을 빨리 익게 합니다.

에틸렌이 무엇이죠?

에틸렌은 식물 성숙 호르몬 또는 스트레스 호르몬이라고 불립니다. 왜냐하면 식물이 다양한 스트레스를 받았을 경우 활발하게 만들어지기 때문이죠. 또 에틸렌은 과일이 빨리 익게 도와줍니다.

사과를 딸기나 포도 같은 과일과 함께 보관하면 안 되는 이유가 있나요?

간단합니다. 안 그래도 잘 상하는 과일인데 에틸렌 때문에 더 상하게 하는 꼴이죠.

그런데 감자와 사과를 함께 보관하는 경우도 있던데 이건 왜 그렇죠?

에틸렌은 과일을 익게 해 주는 반면 식물 생장은 억제합니다. 따라서 사과에서 나오는 에틸렌이 감자의 싹을 안 나게 해 주죠. 감자를 오래 보관하고 싶으면 사과와 함께 넣어 두면 됩니다.

과일을 익히는 것이 사과에서 나오는 에틸렌 때문이라면 에틸렌을 뿌려 줘도 같은 결과가 나옵니까?

네, 외부에서 에틸렌을 뿌려 줘도 똑같이 과일을 익힐 수 있어 오래전부터 상업적으로 이용되어 왔습니다.

에틸렌은 과일을 익게 해 주는 호르몬입니다. 에틸렌은 특히 사과나 멜론에서 많이 나오며 덜 익은 과일과 같이 놔둘 경우 덜 익은 과일이 잘 익습니다. 또 예로부터 에틸렌을 뿌려 과일을 익히는 방법도 쓰였습니다.

판결합니다. 진짜 싼 과일 가게의 경우 덜 익은 과일을 구입해 에틸렌을 이용하여 적절하게 익혀 잘 익은 과일을 팔 수 있었습니다. 이 방법은 오래전부터 상업적으로 이용해 왔으므로 에틸렌은 인체에 유해한 약품이라고 보기는 어렵습니다.

판결 후 진짜 싼 과일 가게는 더 많은 손님들로 북적였고 맛있는 과일 가게는 문을 닫을 수밖에 없었다.

 식물의 호르몬

식물의 호르몬 중 옥신은 세포벽을 길어지게 만들어 식물이 길게 자라게 하고, 지베렐린은 씨앗이 싹트는 것을 촉진시키는 역할을 하고, 시토키닌은 잎과 곁눈이 자라는 것을 돕고 잎과 과일의 노화를 막아 준다.

# 과학성적 끌어올리기

### 호르몬은 동물에게만 있을까요?

아닙니다. 호르몬은 식물이 자라고 성숙하는 데도 아주 중요합니다. 그러나 식물 호르몬은 동물 호르몬처럼 항상성 유지보다는 생장과 성숙, 분화에 더 큰 역할을 합니다. 식물 호르몬에는 어떤 것들이 있는지 살펴봅시다.

옥신: 식물의 줄기 끝 또는 새로 나온 잎에서 만들어지는 호르몬입니다. 주로 생장을 촉진하고 열매가 커지게 하며 잎이 떨어지거나 과일이 떨어지는 것을 방지합니다.

지베렐린: 일본에서 처음 발견된 것으로 벼의 키다리병 곰팡이에서 찾은 호르몬입니다. 주로 세포 분열과 세포 생장을 촉진하지만 옥신과는 성격이 약간 다릅니다. 그리고 잠자는 씨앗을 깨우거나 줄기나 꽃대를 올리고 꽃눈 형성을 촉진합니다.

시토키닌: 식물의 세포 분열을 촉진하기 때문에 옥신과 함께 조직 배양에 사용되는 호르몬입니다. 옥신과 짝꿍이어서 둘이서 함께 여러 가지 작용을 하지요.

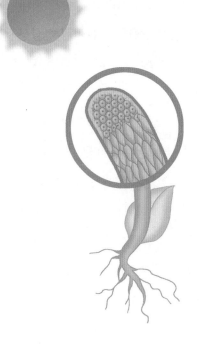

아브시진산: 식물의 눈이나 종자를 잠들게 만드는 역할을 하며 보통 식물의 생장을 억제하는 작용을 합니다.

에틸렌: 특이하게도 기체 상태로 존재하는 호르몬입니다. 과일을 숙성시키고 옥신이 과도하게 쌓이는 것을 막습니다. 우리가 식물을

# 과학성적 끌어올리기

손으로 만지거나 바람에 흔들리면 에틸렌이 발생하여 성장을 둔하게 하므로 아끼는 식물은 손을 대지 않도록 조심해야 합니다.

**플로리겐**: 잎에서 만들어지며 꽃눈 형성을 조절하는 개화 호르몬으로 알려져 있습니다. 이 호르몬은 밤의 길이에 따라 만들어지는 게 달라진다고 하지만 성분은 아직 밝혀지지 않았습니다.

식물 호르몬은 특정한 상황에서 단독으로 활동하는 것이 아니라 서로 협동하여 작용해서 식물의 다양한 생리 작용을 일으킵니다.

# 위대한 생물학자가 되세요

　'과학공화국 법정 시리즈'가 10부작으로 확대되면서 어떤 내용을 담을까를 많이 고민했습니다. 그리고 많은 초등학생들과 중고생 그리고 학부형들을 만나면서 서서히 어떤 방향으로 시리즈를 써 가야 할 지가 생각났습니다.

　처음 1권에서는 과학과 관련된 생활 속의 사건에 초점을 맞추었습니다. 하지만 권수가 늘어나면서 생활 속 사건을 이제 초등학교와 중·고등학교 교과서와 연계하여 실질적으로 아이들의 학습에 도움을 주는 것이 어떻겠냐는 권유를 받고, 전체적으로 주제를 설정하여 주제에 맞는 사건들을 찾아내 보았습니다. 그리고 주제에 맞춰 사건을 나열하면서 실질적으로 그 주제에 맞는 교육이 이루어질 수 있도록 하는 방향으로 집필해 보았지요.

그리하여 초등학생에게 맞는 생물학의 많은 주제를 선정해 보았습니다. 생물법정에서는 동물, 식물, 곤충, 인체, 자극과 반응, 유전과 진화 등 많은 주제를 각 권별로 재미있는 사건과 함께 엮어 교과서보다 흥미진진하게 생물학을 배울 수 있게 하였습니다. 부족한 글 실력으로 이렇게 장편 시리즈를 끌어오면서 독자들 못지않게 저도 많은 것을 배웠습니다. 그리고 가장 힘들었던 점은 어려운 과학적 내용을 어떻게 초등학생, 중학생의 눈높이에 맞추는가였습니다. 이 시리즈가 초등학생부터 읽을 수 있는 새로운 개념의 생물 책이 되기 위해 많은 노력을 기울여 봤지만 이제 독자들의 평가를 겸허하게 기다릴 차례가 된 것 같습니다.

　한 가지 소원이 있다면 초등학생과 중학생들이 이 시리즈를 통해 물리학의 많은 개념을 정확하게 깨우쳐 미래의 노벨 생리의학상 수상자가 많이 배출되는 것입니다. 그런 희망은 항상 지쳤을 때마다 제게 큰 힘을 주었던 것 같습니다.